ISSN 0365-6470

ABHANDLUNGEN DER SÄCHSISCHEN AKADEMIE DER WISSENSCHAFTEN ZU LEIPZIG

Mathematisch-naturwissenschaftliche Klasse
Band 56 · Heft 1

H.-G. EGERTER, G. PLÖTNER,
J. DVOŘAK, H. JORDAN

GEOCHEMISCHE BEZIEHUNGEN IN VOGTLÄNDISCH-WESTBÖHMISCHEN MINERALWÄSSERN

Mit 12 Abbildungen und 11 Tabellen

AKADEMIE-VERLAG · BERLIN
1984

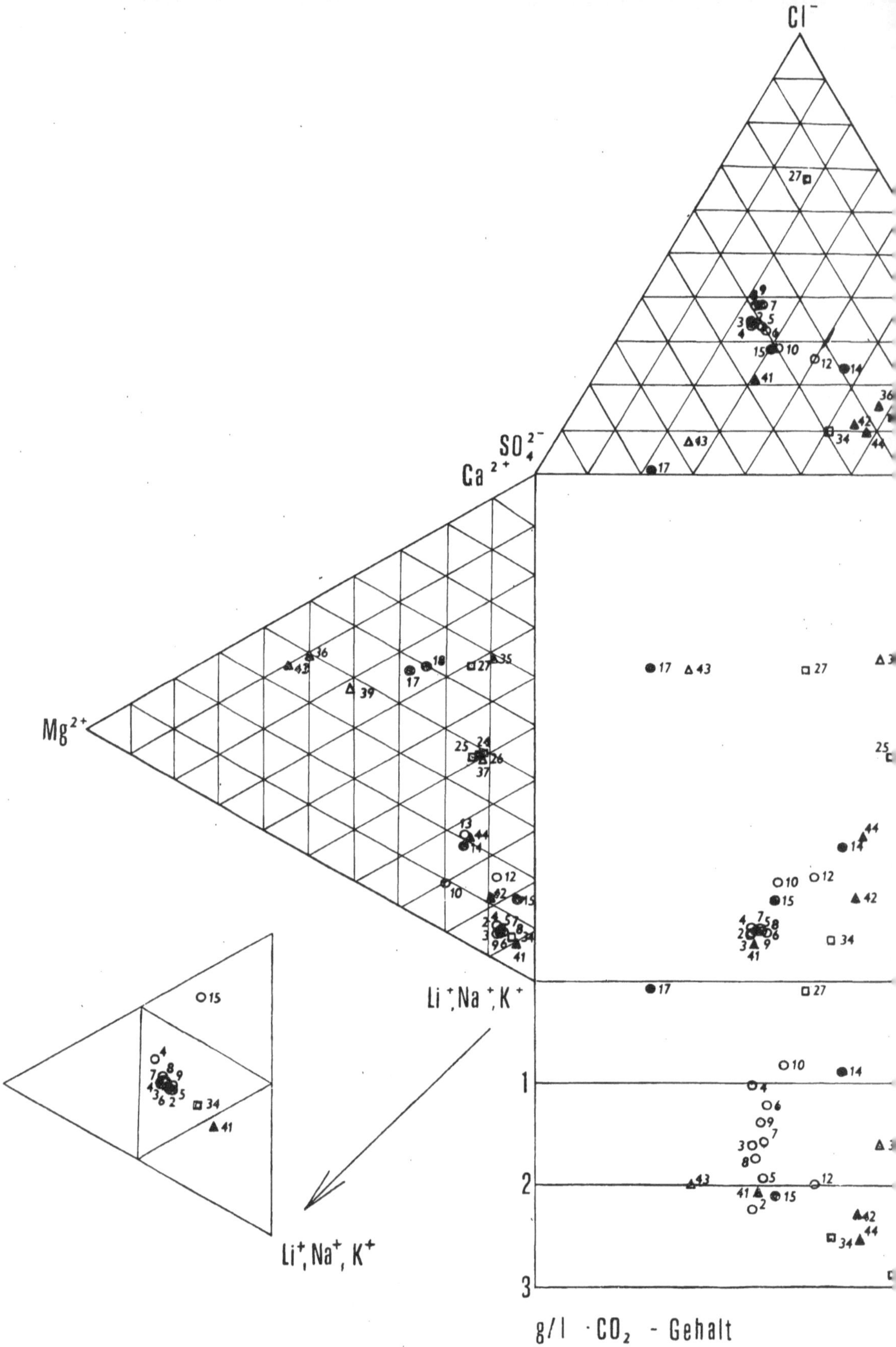

Abb. 12. Dreiecks-Diagramme des Chemismus stark mineralisierter Quellen

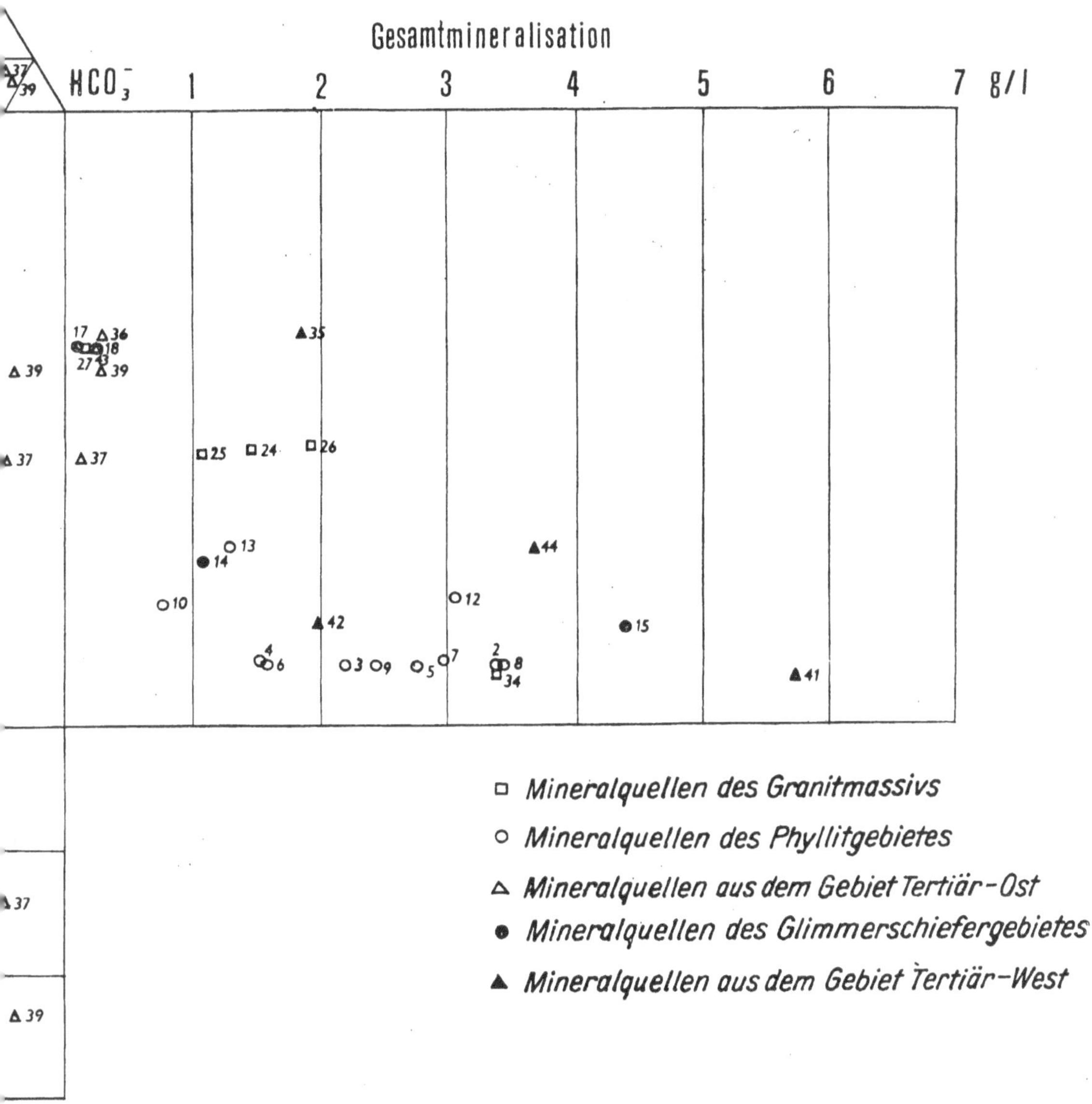
Gesamtmineralisation
HCO₃⁻
1
2
3
4
5
6
7
g/l
Mineralquellen des Granitmassivs
Mineralquellen des Phyllitgebietes
Mineralquellen aus dem Gebiet Tertiär-Ost
Mineralquellen des Glimmerschiefergebietes
Mineralquellen aus dem Gebiet Tertiär-West

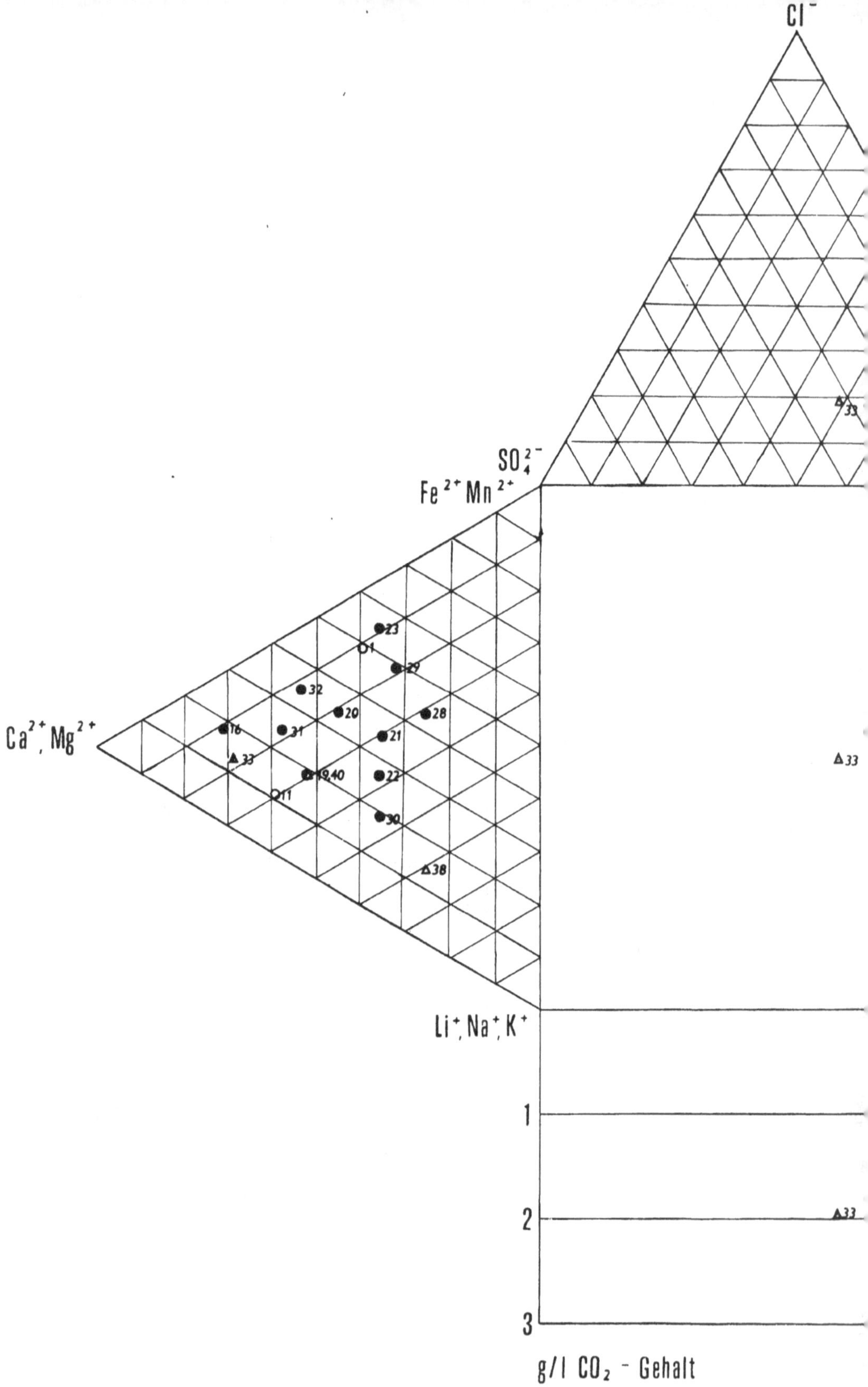

Abb. 11. Dreiecks-Diagramme des Chemismus schwach mineralisierter Quellen

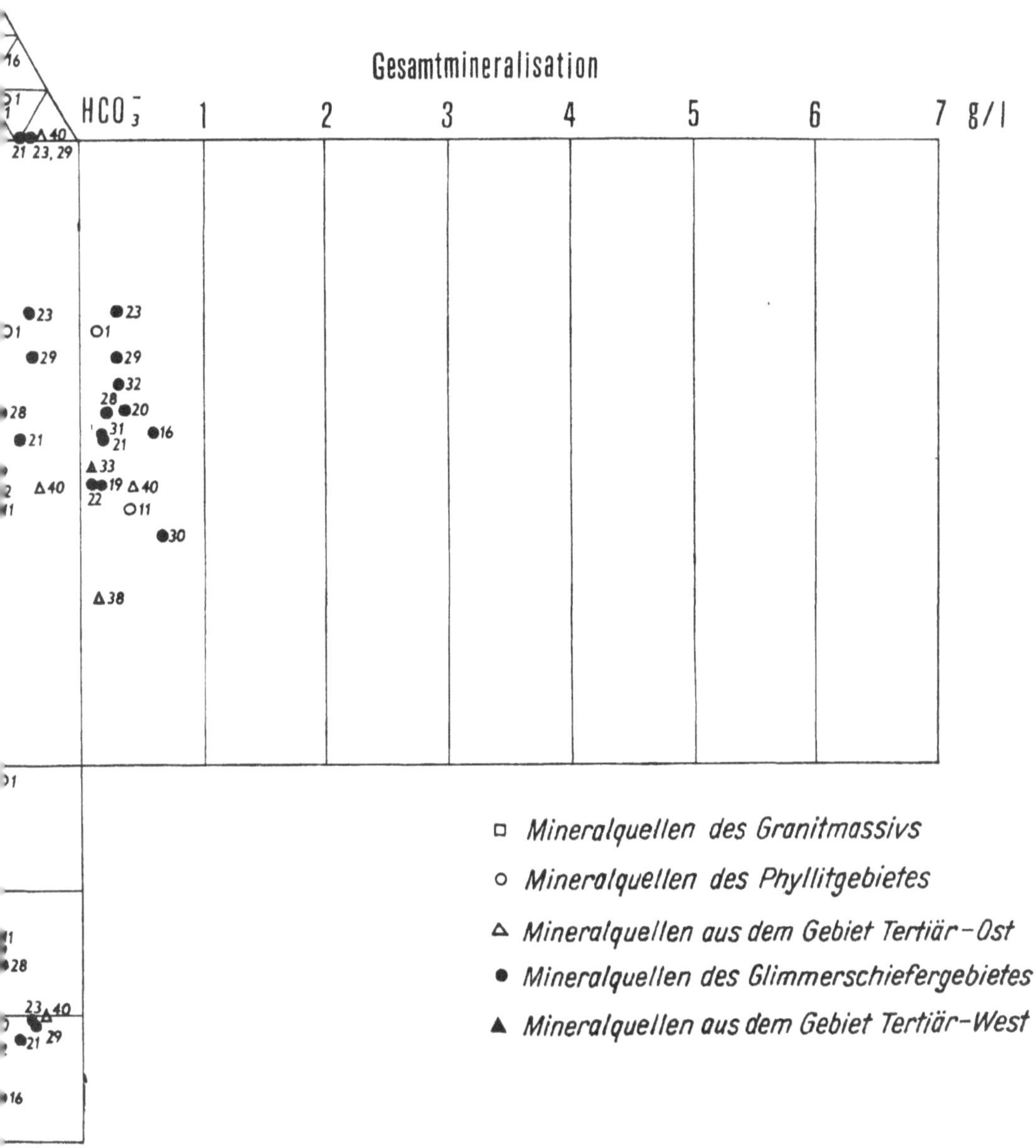

Gesamtmineralisation
HCO_3^-
1
2
3
4
5
6
7 g/l
□ Mineralquellen des Granitmassivs
○ Mineralquellen des Phyllitgebietes
△ Mineralquellen aus dem Gebiet Tertiär-Ost
● Mineralquellen des Glimmerschiefergebietes
▲ Mineralquellen aus dem Gebiet Tertiär-West

ISSN 0365-6470

ABHANDLUNGEN DER SÄCHSISCHEN AKADEMIE
DER WISSENSCHAFTEN ZU LEIPZIG

Mathematisch-naturwissenschaftliche Klasse
Band 56 · Heft 1

H.-G. EGERTER, G. PLÖTNER,
J. DVOŘAK, H. JORDAN

GEOCHEMISCHE BEZIEHUNGEN IN VOGTLÄNDISCH-WESTBÖHMISCHEN MINERALWÄSSERN

Mit 12 Abbildungen und 11 Tabellen

AKADEMIE-VERLAG · BERLIN
1984

Vorgelegt in der Sitzung am 6. Februar 1981
Manuskript eingereicht am 30. März 1983
Druckfertig erklärt am 31. Mai 1984

Erschienen im Akademie-Verlag, DDR - 1086 Berlin, Leipziger Straße 3—4

Lizenznummer: 202 · 100/532/84
P 238/83
Printed in the German Democratic Republic
Gesamtherstellung: VEB Druckhaus „Maxim Gorki“, 7400 Altenburg
LSV 1455
Bestellnummer: 763 374 5 (2025/56/1)

01000

INHALTSVERZEICHNIS

Aus dem Forschungsinstitut für Balneologie und Kurortwissenschaft Bad Elster
(Direktor: OMR Prof. Dr. med. habil. H. JORDAN)
und dem Vyzkumny ústav balneologicky Mariánské Lázně
(Direktor: Doz. MUDr. J. BENDA, SCc.)

1. Einleitung und Problemstellung

Die seit Jahrhunderten bekannten Heilquellenvorkommen in den Staatsbädern Bad Brambach und Bad Elster wurden im Verlaufe der Zeit mehrfach, jedoch sporadisch, repräsentativen Untersuchungen unterzogen. Nach gelegentlichen Ansätzen in der Zeit von 1920 bis 1940 setzten etwa ab 1950 regelmäßige Kontrollen der wichtigsten chemisch-physikalischen Quellparameter ein. Die sich hieraus ergebenden Erkenntnisse machten es notwendig, andere in diesem Gebiet austretende balneologisch ungenutzte Mineralwässer ebenfalls zu untersuchen, um einen besseren Überblick über das gesamte Quellgebiet zu erhalten. Dabei wurde festgestellt, daß zwar die Quellen eines Ortes untereinander teilweise ziemlich ähnlich waren, daß jedoch regional deutliche Unterschiede hervortraten. Diese schienen mit dem unterschiedlichen geologischen Untergrund zusammenzuhängen. Deshalb wurde mit Zustimmung der zuständigen staatlichen Organe der DDR und der ČSSR ein Untersuchungsprogramm bearbeitet, das auf Seiten der DDR das Gebiet von Bad Elster südlich bis zur Staatsgrenze und in der ČSSR nördlich von Františkovy Lázně (Franzensbad) unter Einschluß des Ascher Zipfels bis zur Staatsgrenze umfaßte. Es handelt sich also regional um das Obere Vogtland und das angrenzende Cheb-Becken (Egerer Becken). Das Gebiet gehört damit als Nordwestteil zur bekannten nordwestböhmischen Mineralquellenprovinz.

Das Obere Vogtland mit dem Elstergebirge ist als Verbindungsglied zwischen dem Erzgebirge im Osten und dem Fichtelgebirge im Westen aufzufassen. Es ist ein flachwelliges Bergland mit Höhenlagen, die von etwa 470 m in der Tallage von Bad Elster im Norden zum Gipfel des Kapellenberges mit 759 m im Süden ansteigen. Der wichtigste Fluß ist die Weiße Elster, die mit ihren Nebenbächen nach Norden zu das gesamte Vogtland durchfließt.

Das Cheb-Becken liegt als weit ausgedehnte Senke südlich des Kapellenberges. Es ist sehr flach und weit gewellt und wird im Osten vom Rand des Braunkohlenbeckens von Sokolov (Falkenauer Becken), im Südosten vom Cisařsky Les (Kaiserwald) und im Südwesten und Westen von den Ausläufern des Oberpfälzer Waldes und des Fichtelgebirges begrenzt. Die Höhenlagen bewegen sich zwischen 430 und 480 m.

Im südlichen Teil des Cheb-Beckens fließt die Ohře (Eger), die im Fichtelgebirge entspringt und in Richtung Osten fließend alle Bäche des Beckens und des südlichen Oberen Vogtlandes aufnimmt.

Das Arbeitsprogramm beinhaltete zunächst die Erkundung der durch umfangreiches Literatur- und Kartenstudium festgestellten Mineralwasseraustrittsquellen im Gelände. Teilweise mußten dabei verwahrloste Quellen erst wieder zum Fließen gebracht werden. Von den insgesamt 55 ehemals vorhandenen Mineralquellen konnten 44 beprobt werden. Die übrigen waren teilweise verloren gegangen durch ausbleibende Schüttung, oder sie waren vom Süßwasser überstaut worden und ließen keine exakte Probeentnahme mehr zu. Der Umfang der Arbeiten beinhaltete etwa den Rahmen kleiner Heilwasseranalysen mit zusätzlichen Spurenstoffbestimmungen. Es wurde bewußt auf die Untersuchung der Stickstoffwerte verzichtet, da die Fassungen teilweise schlecht waren und im Gelände jedes Tier Zutritt hatte.

Ziel der Untersuchungen war die Klärung der Frage nach eventuellen Zusammenhängen zwischen dem geologischen Untergrund, der Konzentration und dem Chemismus der aufgefundenen Mineralwässer und ob möglicherweise Störungslinien durch Mineralwasseraustrittsstellen nachgewiesen werden können. Da sich der Charakter der Wässer aus Tiefbohrungen teilweise beträchtlich von dem artesischer Mineralwässer unterscheidet und nicht die oberen Gesteinsschichten berührt, wurde auf die Aufnahme dieser Wässer in das Untersuchungsprogramm verzichtet. Trotzdem wird später noch zu Vergleichszwecken von der Charakteristik verschiedener Tiefbohrungen in diesem Gebiet die Rede sein müssen.

Gerade die Frage nach den Zusammenhängen zwischen Geologie und Art der Mineralquellen ist hier naheliegend, da von Nord nach Süd ein Wechsel des geologischen Untergrundes von Phyllit über Glimmerschiefer und Granit zum Tertiär im Süden zu verzeichnen ist.

2. Natürliche Bedingungen der Bildung der Mineralwässer

Die primäre Ursache der Bildung der kohlensäurehaltigen Mineralwässer in dem Gebiet, das zur westböhmisch-vogtländischen Provinz der CO_2-haltigen Mineralwässer gehört, ist das Aufsteigen der Kohlensäure aus den Tiefen der Erdkruste. Kohlendioxid ist das letzte Entgasungsprodukt des Vulkanismus. Das Vorkommen von Mineralwässern vom Typ der Säuerlinge ist deshalb gebunden an geologisch junge vulkanische und neotektonisch gestörte Gebiete. Das Gebiet in Nord- und Mitteleuropa ist schon seit dem Paläozoikum nach der herzynischen Gebirgsfaltung eine feste Tafel. Auf jüngere tektonische Veränderungen konnte dann Mitteleuropa als feste Tafel der Erdkruste nur durch Bildung von Kluft- und Bruchsystemen reagieren. Dies war mit senkrechten Bewegungen der einzelnen Schollen verbunden. Im Tertiär wurde sie dem Vorgang der alpidischen Gebirgsfaltung unterworfen, als die Alpen- und die Karpatengebirgsmassen nach Norden hin auf die feste Tafel von Mitteleuropa aufgeschoben wurden. Dadurch ist ein Absinken der Tafel an der südlichen Seite eingetreten. Auf diese Senkung im Süden reagierte die Tafel mit Aufwölbungen, soweit es die Elastizität erlaubte, in Entfernung von 300 bis 500 km nach dem Norden zu von den Alpen aus. Dann fingen die Kluft- und Bruchbildungen an bis zu 40 bis 60 km Tiefe. Hierdurch stieg die vulkanische Basaltlava zur Erdoberfläche empor. Man kann diese tertiären vulkanischen Gebiete verfolgen von Mittelfrankreich (Auvergne-Gebirge) über das Mittelrheinland (Gebirge Eifel und Hunsrück) nach West- und Nordböhmen bis ostwärts nach Polen. An diese Kette von tertiären Vulkangebieten ist in Mitteleuropa das Vorkommen der kohlensäurehaltigen Mineralwässer gebunden.

In Nord- und Westböhmen ist ein scheinbares Mißverhältnis zwischen der Intensität der Vulkantätigkeit und dem Vorkommen von Säuerlingen auffällig. Im vulkanischen Gebiet der böhmischen Mittelgebirge sind nur selten Säuerlinge vorhanden, in Westböhmen dagegen häufig. Im Gegensatz dazu steht die Anhäufung von Vulkanen im Mittelgebirge zur Existenz von nur wenigen in Westböhmen. Die Ursache liegt im unterschiedlichen Zeitabstand von der Vulkantätigkeit bis zur heutigen Zeit, weil die Vorräte an CO_2 in der Erdkruste im geologischen Zeitmaßstab nicht ausgeschöpft werden. Das vulkanische böhmische Mittelgebirge ist überwiegend vor 7 bis 15 Millionen Jahren entstanden. Dann ging die Vulkantätigkeit stufenweise nach dem Westen über. Das Duppauer Gebirge ist jünger, und am jüngsten sind einige Vulkane in der Umgebung von Cheb, Eisenbühl und Kammerbühl (0,26 Mill. Jahre). Diese Gegend weist auch bis heute die jüngste seismische Tätigkeit im Böhmischen Massiv auf. Deshalb ist auch in Westböhmen die reichste Säuerlingsprovinz die, die nach Norden zur DDR und nach Westen zur BRD weitergeht.

Die Risse und Brüche der Erdkruste haben umfangreiche Bruchsysteme und Bruchzonen gebildet, wo sich die Aufwölbung der Tafel mit senkrechten tektonischen Bewegungen stufenweise ausglich. Dazu gehört hauptsächlich die erzgebirgische Bruchzone (WSW—ONO), welche den untererzgebirgischen Graben und dazu quer den Marienbader Bruch (NNW—SSO) bilden. Diese beiden Bruchzonen kreuzen sich im Gebiet des Egerer Beckens. Im untererzgebirgischen Graben haben sich im Tertiär breite Seebecken gebildet, die hydrogeologische Strukturen mit artesischer Wasserzirkulation in den Cheb- und Sokolov-Becken gebildet haben. Die Brüche und Klüfte der Erdkruste sind überwiegend durch Basaltlaven und verschiedenes Material aus zerstörten und verwitterten Gesteinen dicht verfüllt. Nur selten sind sie stellenweise für Wasserzirkulation durchlässig geblieben, in tieferen Zonen sind sie meist nur für Gas unter Druck durchlässig.

Die CO_2-Austritte aus der Tiefe sind in einigen Fällen größer als die Lösungsfähigkeit der Wässer unter den Druckverhältnissen. Dort bilden sich neben den CO_2-haltigen Mineralwässern auch Austritte von CO_2-Trockengas, z. B. als Mofetten im Naturschutzgebiet Soos im Egerer Becken.

2.1. Geologie und Tektonik

Geomorphologisch umfaßt das untersuchte Gebiet das Elstergebirge als südwestliche Fortsetzung des Erzgebirges. Dieses bildet die Wasserscheide zwischen der Weißen Elster im Norden und der Ohře (Egerfluß) im Süden (siehe hierzu Abb. 1). Nach dem Norden zu senkt sich das Gebiet allmählich auf die tief eingeschnittenen Täler der Elster und der Nebenflüsse. Nach dem Süden zu ist die Begrenzung steiler durch das komplizierte geotektonische System des untererzgebirgischen Grabens zum Cheb-Becken.

Der geologische Bau ist vom Antiklinorium des Fichtelgebirges gebildet, an dessen Aufbau verschiedene Arten der kristallinen Schiefer und von Granitoiden teilnehmen. Der südliche Teil ist von tertiären Sedimenten im Cheb-Becken überdeckt (Abb. 2). Zentrum des geologischen Baues ist das Fichtelgebirgsgranitmassiv, das zur Intrusion die ostwestliche Struktur des Antiklinoriums nutzte. Das Massiv ist durch kurz hintereinander folgende Intrusionen im varistischen Alter vor 310 bis 370 Mill. Jahren entstanden. Der südliche Teil besteht aus Fichtelgebirgsgranit, der nach dem Norden zu Orthogneise unterlagert. Diese bilden zusammen den Kern des Antiklinoriums. Im Granitmassiv sind häufig Quarzadern vorhanden, von denen die größte der Ascher Quarzpfahl zwischen Aš und Hazlov mit NW—SO-Richtung und einer Neigung um 60 bis 80 Grad nach SW ist. Im Oberteil der Orthogneise sind gegen Nordwesten zu Zweiglimmer- bis Biotitparagneise, die eine Zone um den Orthogneisekomplex bilden. Weiter im Nordwesten gehen diese Paragneise ziemlich kurzfristig in Glimmerschiefer über. Beim Kontakt des Orthogneises mit dem Paragneis sind zwei Vorkommen von Kalksilikathornstein, Egeran, vorhanden. In der Glimmerschieferserie überwiegen schwach quarzitische chloritisch-muskovitische Glimmerschiefer, die sich abwechseln mit Einlagerungen von biotit-muskovitischen Glimmerschiefern und Quarziten. Weiter zum Nordwesten zu setzt sich die Reihenfolge der kristallinen Schiefer zu den chlorit-serizitischen Phylliten (untere Phyllitserie) fort. Zwischen den Glimmerschiefern und den Phylliten ist eine ziemlich mächtige Lage von hellem Quarzit bis quarzitischem Phyllit. Die Schieferung der Orthogneise und der übrigen Schiefergesteine ist parallel zur Achse des Fichtelgebirgsantiklinoriums und hat eine fast regelrechte Richtung um WSW–ONO. Weiter ins Oberliegende zum Nordwesten zu setzen sich die monotonen chloritisch-serizitischen Phyllite mit häufigem Sekretionsquarz fort. Sie bilden die obere Phyllitserie. Zwischen oberer und unterer Phyllitserie wurde ein diskordanter Kontakt bestätigt. Stratigrafisch gehört die untere Serie zum Kambrium und die obere

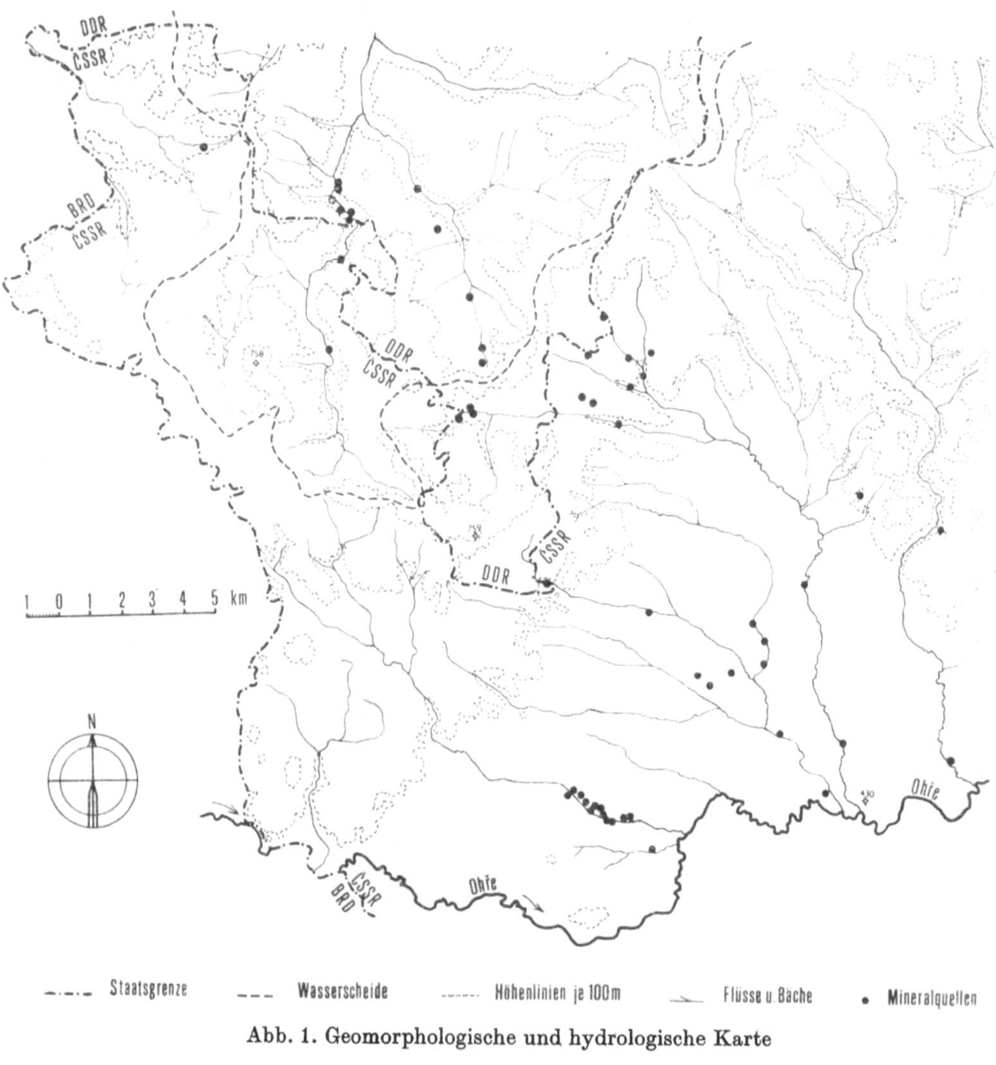

Abb. 1. Geomorphologische und hydrologische Karte

zum Ordoviz. In den nördlichen Gebieten des oberen Phyllites in Bayern und im Vogtland wurden Versteinerungen des Ordoviz-Alters (*Phycodes circinati* RICHT.) gefunden. Nördlich vom Granitmassiv stehen so Parametamorphite an, von denen man quer durch das Gebiet ein Gesteinsmetamorphoseprofil vom Paragneis über Glimmerschiefer und Phyllit ins schwach veränderte Schiefergestein verfolgen kann.

Zur Feststellung der Beziehungen vom Chemismus der Mineralwässer zum geologischen Bau wurde das Gebiet des Kristallins in die Grundgebiete Granit, Gneis, Glimmerschiefer und Phyllit geteilt.

Im südlichen Teil des Fichtelgebirgsantiklinoriums fehlt die im nördlichen Teil beschriebene Folge der Metamorphite. Das Granitmassiv und die Phyllitserie sind im südlichen Teil im Gebiet des Cheb-Beckens durch tertiäre Sedimente überdeckt.

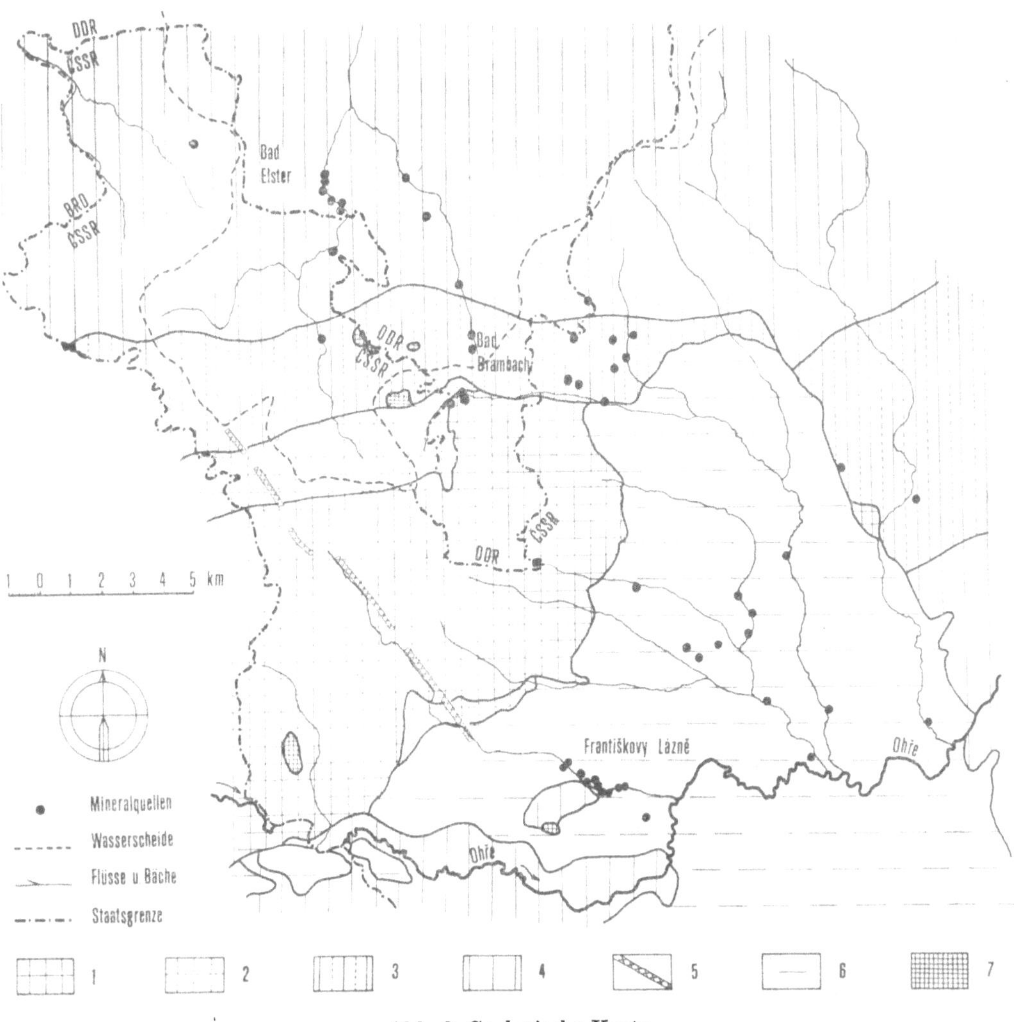

Abb. 2. Geologische Karte
Erläuterungen: 1 Granit; 2 Orthogneis; 3 Glimmerschiefer; 4 Phyllit; 5 Quarzpfahl; 6 Tertiäre Sedimente; 7 Tertiäre Vulkanite

Die tertiären Sedimente bestehen unten aus tonig-sandigen Schichten. Sie sind nur stellenweise in Relikten vorhanden. Auch die darüber folgenden Braunkohlenschichten sind nicht zusammenhängend über den Bereich des Beckens verteilt. Eine zusammenhängende Grundausfüllung des Beckens bilden die tonigen Cyprisschichten (so genannt nach den häufig auftretenden *Cypris angusta* Reuss.). Sie enthalten Einlagen von tonigen Kalksteinen und Sanden. Die Cyprisschichten bilden im allgemeinen die artesische Decke des Grundwassers im Becken. Im nördlichen Teil des Beckens sind die Cyprisschichten stellenweise als Wildsteinschichten ausgebildet, die stratigrafisch zum Frühpleistozän gerechnet werden. Die Gesamtmächtigkeit der tertiären Sedimente steigt von West nach Ost an.

Den tektonischen Bau stellt die junge saxonische Tektonik dar. Nach der herzynischen Gebirgsfaltung, bei der das Fichtelgebirgsantiklinorium entstand, erfolgte eine Einebenung in der weiteren geologischen Entwicklung. Das so entstandene Terrain wurde dann bis Anfang des Tertiärs nicht viel über die Meereshöhe gehoben. Zur Belebung der tektonischen Aktivität kam es erst zu Beginn des Tertiärs in Form des Emporsteigens der Neovulkanite. Dadurch hat das ganze tertiäre vulkanische Gebiet eine komplizierte polygenetische Entwicklung durchgemacht. Sie war verbunden mit großen Senkungen einiger Gebiete, der Entstehung und dem Untergang von Sedimentationsbecken und mit wiederholten vulkanischen Tätigkeiten. Allmählich kam es zum Emporsteigen von Erzgebirge, Elstergebirge und Fichtelgebirge. Der Aufstieg dieser Gebirge setzte sich bis heute fort, und sowohl Cheb-Becken als auch Elstergebirge besitzen die höchste seismische Aktivität im ganzen böhmischen Massiv.

Den tektonischen Aufbau bilden die Hauptrichtungen WSW—ONO (Erzgebirgisch) und NNW—SSO, welche den Sedimentationsraum des Cheb-Beckens gebildet haben (Abb. 3). Für das Cheb-Becken ist die den Sedimentationsraum im Osten begrenzende östliche Randbruchzone wichtig, denn sie stellt eine nördliche Fortsetzung dar und ist ein Teil der Marienbader Bruchzone. Die einseitige westliche Absenkung und der östliche Aufstieg der Bruchzone haben das asymmetrische Cheb-Becken gebildet. Die kleineren Brüche dieser Richtung sind am Aufbau des Sedimentationsraumes, vorwiegend im östlichen Teil, beteiligt. Die meisten älteren Brüche der erzgebirgischen Richtung stellen ein kompliziertes System kleinerer Brüche im ganzen Raum dar.

2.2. *Hydrogeologie*

Im geologischen Bau unterscheiden sich nach den hydrogeologischen Eigenschaften der Gesteine deutlich zwei Gebiete: das Kristallin mit seinen Kluftsystemen für Grundwasserzirkulation und das tertiäre Becken. In beiden Gebieten hat sich weiterhin eine Überdeckung aus Verwitterungsmaterial und in Talanschwemmungen gebildet.

In kristallinen Gesteinskomplexen besteht die günstigste Bedingung für die Entstehung und den Umlauf des Grundwassers, das Kluftsystem von Granit und Orthogneis des Fichtelgebirgsmassivs. Diese Klüfte sind in der Verwitterungszone häufiger und tiefer und besitzen wasserdurchlässigere Ausfüllungen aus mehr oder weniger sandigem Verwitterungsmaterial. Diese günstigen Eigenschaften nehmen vom Granit über Gneis und Glimmerschiefer zum Phyllit ab. Bei letzterem sind die Klüfte weniger häufig, geschlossener oder mit wenig wasserdurchlässigem Material ausgefüllt. Eine höhere Wasserdurchlässigkeit besitzen hierbei lediglich quarzitische Einlagen, die starr und tafelig sind.

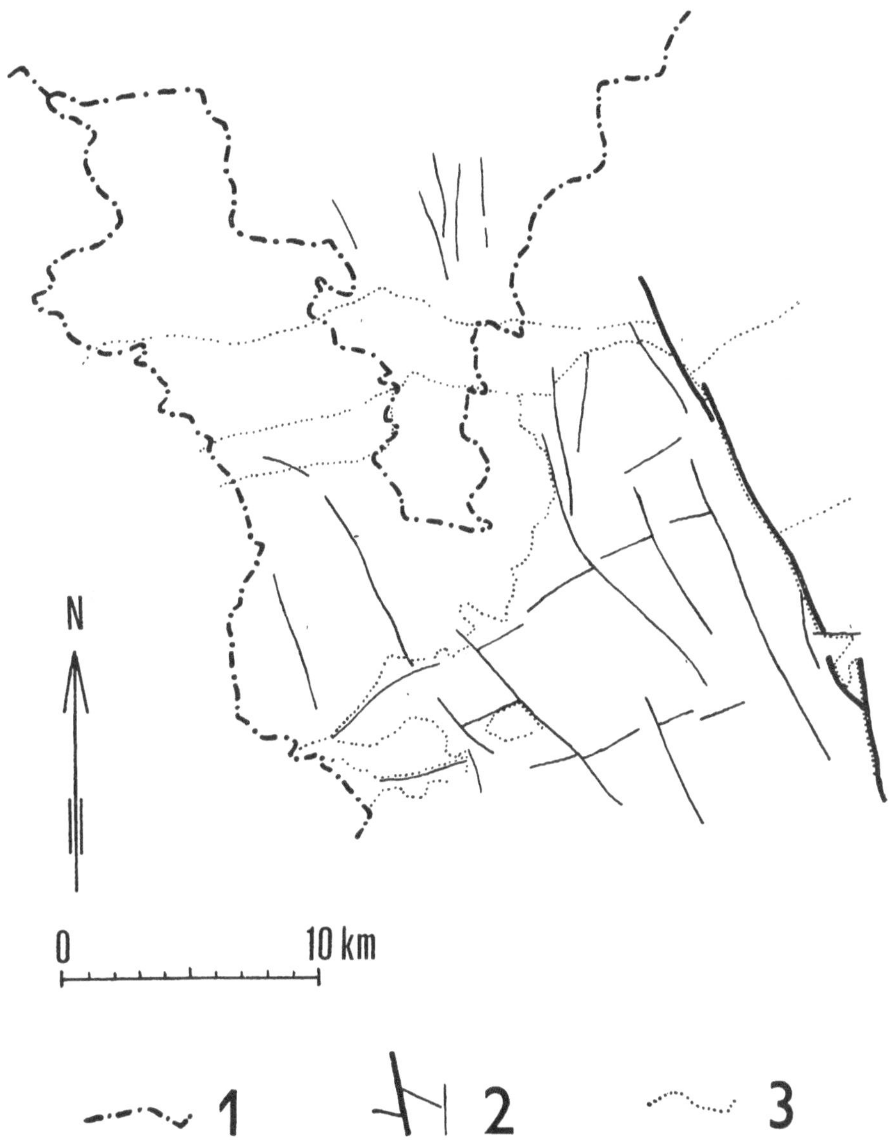

Abb. 3. Tektonische Skizze
Erläuterungen: 1 Staatsgrenze; 2 Tektonische Störungen; 3 Grenzen der Gesteinsarten

Tertiäre Sedimente des Cheb-Beckens bilden eine beckenförmige artesische Struktur in wasserdurchlässigen Schichten unter der artesischen Decke aus Cypris-Tonschichten. Den Grundwasserumlauf ermöglichen einerseits das Kluftsystem der liegenden Granite und andererseits das Porensystem in sandigen Schichten der Ablagerungen und die Kalkstein- und Sandeinlagen in Cypris-Tonschichten. Letztere bilden eine Decke über den Grundwässern der tieferen Wasserhorizonte. Die Quellen in der hydrogeologischen Beckenstruktur haben eine größere Ergiebigkeit als die Quellen aus den Kluftsystemen im Kristallin. Für das Einsickern der Niederschlags- und Oberflächenwässer in das

Kluftsystem und für die Entstehung der Grundwässer in der seichten Verwitterungszone sind im Granitmassiv die günstigsten Bedingungen, weil dort das Material lehmig-sandig ist und damit wasserdurchlässiger als bei den anderen Gesteinsarten des Gebietes.

Im tektonischen Aufbau sind für die Bildung und den Umlauf der Grundwässer nur die jüngsten Bruchsysteme, quartär bis rezent, wichtig. Die älteren Brüche, geologisch kartiert nach vertikalen Bewegungen der tektonischen Gesteinsschollen, sind überwiegend geschlossen und dicht und deshalb für den Wasserumlauf undurchlässig. Nur an die durch jüngste tektonische Aktivität wiederbelebten Brüche und Risse sind die Austritte von Grundwasser und CO_2 gebunden. Der geologisch wichtigste Bruch des Gebietes, der östliche Randbruch des Cheb-Beckens, ist an der Erdoberfläche nicht feststellbar durch Austritte, weil er undurchlässig dicht ist, zumindest in seinem höheren Verlauf.

Aus Abb. 2 geht hervor, daß hydrogeologisch bedeutsame Linien für den Aufstieg und die Bildung von Mineralwässern an die Starrheit und Klüftigkeit der Gesteine gebunden sind und ebenfalls nicht von den tertiären Vulkaniten der älteren Entstehungsphase westlich und südlich von Cheb oder von den jüngsten Vulkaniten Kammerbühl oder Eisenbühl abhängig. An tertiäre Vulkanite ist das Ansteigen von CO_2 aus den Tiefen der Erdkruste nur durch seine Genese und in breitem regionalem Maßstab gebunden. Die wichtigste Bedingung für die Entstehung der Umlaufswege der Mineralwässer und für das Aufsteigen des CO_2 ist im bearbeiteten Gebiet nur die örtliche tektonische Exposition während der quartären bis subrezenten tektonischen Dynamik. In diesem Gebiet ist am intensivsten als tektonisch-exponiertes und gestörtes Gebiet die 3 bis 6 km breite Zone im Verlauf NNW—SSO zwischen Bad Elster über Bad Brambach und Plesná nach Süden zur Soos und nach Františkovy Lázně deutlich anzusehen. Diese Aufstiegszone mit tiefer Herkunft geht deutlich aus der älteren tektonischen Hauptrichtung, dem östlichen Randbruch des Beckens und dem Quarzpfahl bei Aš hervor, trotzdem die Richtung nur ungefähr parallel verfolgt wird. Es scheint, daß Querlinien mit verschiedenen Abweichungen die tiefe Zufuhr- und Aufstiegszone für CO_2 darstellen. Es handelt sich um folgende Linien:

1. Bad Elster — Sohl, 2 km in Richtung W—O (vermutet)
2. Dolni Paseky—Bad Brambach—Plesná, 6 km in Richtung W—O
3. Schönberg—Zelená—Soos—Povodi—Hněvin, 8 km in Richtung NW—SO.

Südlich des bearbeiteten Gebietes handelt es sich dann noch um Františkovy Lázně bis Jindrichov, 3 km in Richtung WNW—OSO.

Die Linie Nr. 2 deckt sich gleichzeitig mit der gegenwärtig noch lebendigen seismischen Linie Aš—Bad Brambach—Plesná.

Diese gegenwärtig offenen Aufstiegswege für CO_2 kann man an der Erdoberfläche nur verfolgen nach dem Vorkommen der Säuerlingsquellen bei einem Austritt gemeinsam mit Mineralwasser. Ob und wo CO_2 in höheren Lagen des Terrains aufsteigt, wird sich nur durch Bodenluftanalysen an CO_2 feststellen lassen. Nur sehr ergiebige CO_2-Austritte stellen sich deutlich an der Erdoberfläche als Mofetten dar. Dies trifft zu auf die Linie Nr. 3, wo Trockengasexhalationen zwischen dem Naturschutzgebiet der Soos und Povodi zu verzeichnen sind.

Im Kristallingebiet (Nr. 1, 2 und nördlicher Teil von 3) steigen nur geringe Mengen CO_2 von den tieferen Zufuhrwegen auf. Im Gegensatz dazu ist im südlichen Teil der

Linie 3 das Austreten von CO_2 und Mineralwasser durch örtliche Störungen und Undichtigkeiten in der artesischen Decke gesichert. Aus breiteren regionalen Austrittsstellen bei Františkovy Lázně, Vackovec und Hartoušov kann man im artesischen Tertiärbecken wesentlich größere horizontale Migration des CO_2 annehmen. Dieser flächenhafte Aufstieg des CO_2 kann vom Aufstiegsweg im Untergrund des Beckens in Richtung W—O längs des südlichen Randes des Granitmassivs unter den tertiären Sedimenten erfolgen.

Die Tiefe der Grundwasserumläufe im Kristallin ist gegeben durch die Tiefe der Kluftsysteme in der Verwitterungszone und durch die Tiefe und Wasserdurchlässigkeit der tektonischen Brüche und Risse. Letztere ist wichtig für das Einsickern der Niederschläge. Sie sinkt von Granit über Glimmerschiefer zum Phyllit ab. Die Größe und Wasserdurchlässigkeit der tektonischen Störungen ist für einen tiefen Wasserumlauf und den Aufstieg der Grundwässer zur Erdoberfläche wichtig. Die tiefsten tektonischen Störungen können die Aufstiegswege des CO_2 sein und sind es in den meisten Fällen auch. Diese Risse können in Abschnitten ganz dicht sein oder nur durchlässig für Gas unter Druck, und nur ein kleiner Teil läßt den Grundwasserumlauf zu. Dort, wo die Wege nur für Gas unter Druck frei sind, mischt sich dieses erst unter der Oberfläche mit Wasser in der Zone der Gesteinsverwitterung. In diesem Falle entstehen Säuerlinge mit geringer Ergiebigkeit und geringem Gehalt an gelösten festen Stoffen, was im Untersuchungsgebiet häufig vorkommt (Abb. 4).

Bei Vorhandensein tieferer Umlaufswege mischt sich CO_2 mit Wasser in größerer Tiefe, und es entstehen Wässer mit größerer Ergiebigkeit und mit höherer Konzentration (Abb. 5). Die Tiefe der Mineralwasserumläufe ist in diesem Gebiet im allgemeinen gering, was schon durch die niedrige Temperatur angedeutet wird. Die Tiefe der Bildungszone der Mineralwässer liegt im allgemeinen bei etwa 100 bis 150 m. Die einzige Ausnahme im Gebiet stellt die Kaiserquelle in der Soos dar, die mit ihrer Temperatur eine tiefe Quellenstruktur anzeigt. Sie entspricht einer Bildungszonentiefe von rund 300 m. Die Quellenstruktur der Kaiserquelle liegt in den tektonischen Kluftsystemen des Fichtelgebirgsgranites, und seine Entwässerung erfolgt durch tektonisch bedingte Störungen und Undichtigkeiten der Überdeckung der tertiären Sedimente, die in seinem Entwässerungsgebiet 50 bis 100 m mächtig sind.

3. Physikalische und chemische Untersuchungsergebnisse

Um Untersuchungen durchführen zu können, mußten zunächst die Vorkommen artesischer Mineralquellen festgestellt werden. Hierbei wurden bewußt nur selbständig austretende Mineralquellen gesucht und keine Tiefbohrungen. Bei Tiefbohrungen ist es zum Teil so, daß die Wasserstände tiefer liegen und das Mineralwasser durch Pumpen gefördert werden muß. Bei teilweise mehrere hundert Meter tiefen Bohrungen steigt das Mineralwasser nicht in dem Gestein langsam nach oben, sondern wird durch die Verrohrung erfaßt und nach oben gepumpt. Dadurch kann sowohl in der Konzentration als auch im Chemismus eine Veränderung gegenüber den artesisch austretenden Wässern erfolgen. Dies ist z. B. in Bad Elster der Fall, wo Tiefbohrungen konzentrationsarme CO_2-reiche Mineralwässer ergeben; die nicht ähnlich den artesischen Wässern sind.

Aufgrund von alten Veröffentlichungen, durch älteres Kartenmaterial oder durch Einwohnerbefragungen wurde eine Anzahl in Frage kommender Quellenaustritte

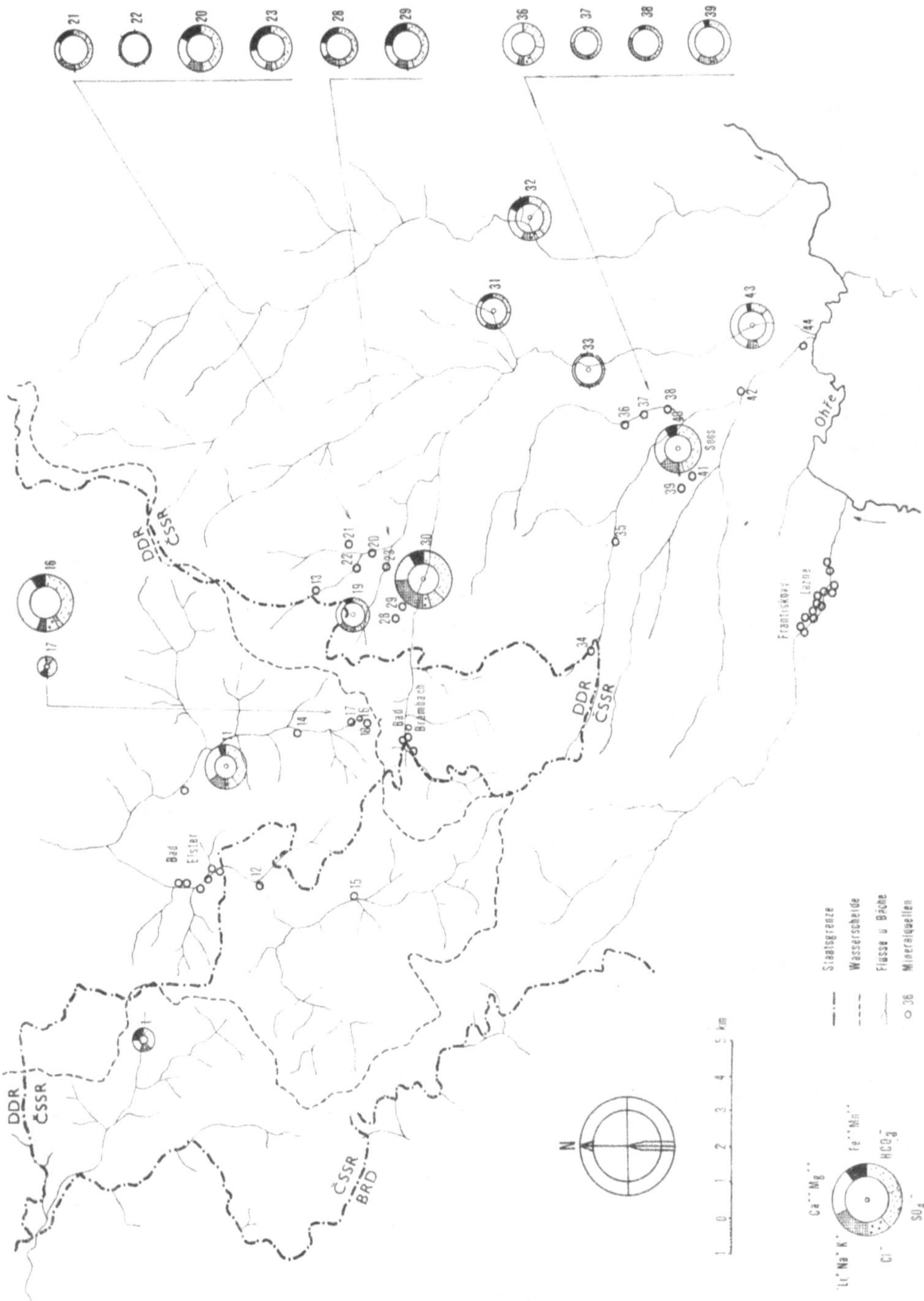

Abb. 4. Chemismus der schwach mineralisierten Mineralquellen

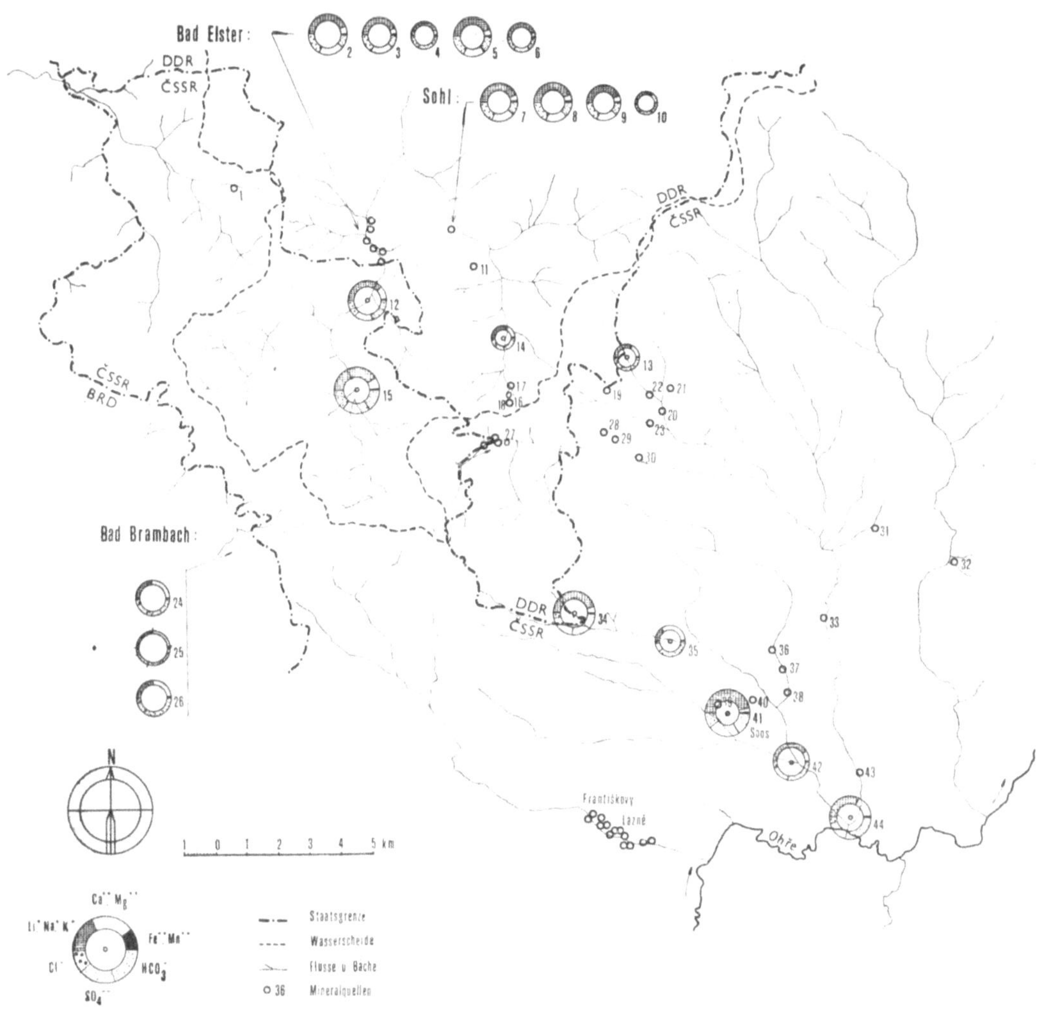

Abb. 5. Chemismus der stark mineralisierten Mineralquellen

ermittelt. Bei den Aufsuchungen wurden immer schon orientierende Untersuchungen gemacht. Bevor zur Probenahme geschritten werden konnte, mußten verschiedene Quellen erst durch Freilegung des Ablaufes zum richtigen Fließen gebracht werden, oder sie wurden mit Hilfe einer Benzinmotorpumpe abgepumpt, um frisches Mineralwasser zu erhalten. Die aufgefundenen Quellen wurden der geographischen Lage nach von Nord nach Süd durchnumeriert von 1 bis 44. Die folgende kurze Lagebeschreibung soll eine Auffindung der Quellen erleichtern und bei Vergleichen mit anderen Autoren, die Mineralquellen des Gebietes beschreiben, zur Klarheit dienen. Zur besseren Orientierung wurden bei den Mineralquellen in der ČSSR die ehemaligen deutschen Namen mit angegeben.

1. Hranice (Roßbach): etwa 1 km vor Hranice im Tal des Rokytnice p. rund 50 m westlich der Straße ungefaßter Quellaustritt, der in den nahen Bach ablief.

2.,3., 4. Bad Elster, Marienquellen I, II, B: auf einer Fläche von 5 m im Durchmesser im Quelltempel am Badeplatz gefaßt.

5., 6. Bad Elster, X-Quelle, Moritzquelle: in den Kellern der beiden Brunnentempel nördlich und südlich der Wandelhalle.

7., 8., 9. Sohl, Urquelle, Sachsenquelle, Hofquelle: innerhalb des Gebäudekomplexes des Abfüllbetriebes durch Steinringe gefaßte Mineralbrunnen.

10. Sohl, Parkbrunnen: Im Garten südlich vom Abfüllgebäude durch Steinringe gefaßte Quelle.

11. Raun, Waldquelle: zwischen Sohl und Raun ca. 150 m östlich der Bahnlinie gelegene Quelle in Steinfassung. Zu erreichen durch Waldweg von Christiansreuth von der F 92 in westlicher Richtung.

12. Doubrava, Kyselka (Grün, Säuerling): in der Dorfmitte am Dorfplatz westlich gleich neben der Elster gelegene als Häuschen gebaute Fassung.

13. Smrčina I (Hennebach): auf ČSSR-Seite gelegener Säuerling mit etwa 1 m tiefer Klinkerrohrfassung etwa 2 m von der Grenze entfernt. Zugänglich vom Ortsteil Hennebach von Bad Brambach. Der Säuerling befindet sich ca. 200 m nordwestlich von den ersten Häusern Hennebachs, die man von Rohrbach aus erreicht, jenseits des Grenzbaches.

14. Rauner Grund: die mit Holz gefaßte Quelle liegt ca. 10 m westlich der F 92 etwa 200 m oberhalb der Einmündung der Rohrbacher Straße neben dem Rauner Bach.

15. Dolní Paseky (Niederreuth, Säuerling): in einem als Haus mit Trinkhalle in Stein und Kupferrohr gefaßten Quelle in der Ortsmitte direkt neben dem Elsterlauf.

16. Oberbrambach, Lohbrunnen: in einem Seitental des Rauner Grundes (F 92) gelegenes massives Häuschen mit Klinkerringfassung der Quelle. Zu erreichen vom Ortsteil Oberbrambach über den Berg talwärts ins Lohbachtal.

17. Oberbrambach, Wiese: etwa 200 m nördlich vom Abfüllgebäude des Oberbrambacher Sprudels entfernt gelegene sumpfige Wiese mit Quellaustritt etwa 30 m neben der F 92.

18. Oberbrambacher Sprudel: im Abfüllgebäude in Oberbrambach mittels Steinringen gefaßter Säuerling.

19. Plesná I (Fleißen, Fuchsberg): ungefaßte Quelle in unmittelbarer Grenznähe an einem Nebenarm des Rohrbaches.

20. Smrčina II (Ermesgrün, Dorfquelle): am Ortsausgang in Richtung Lomnička im Tal des Baches gelegene ungefaßte Austrittstelle des Mineralwassers.

21. Lomnička I (Ermesgrün, Holzfassung): im Tal des Ruderbaches westlich der Straße Plesná—Lomnička befindlicher Holzkasten.

22. Lomnička II (Ermesgrün, Steinfassung): rund 200 m nördlich von Quelle 21 gelegene Fassung in Klinkerringen.

23. Lomnička III (Steingrub): von der Straße Plesná—Lomnička im Rohrbachtal in Richtung Lomnička gelegener Quellteich. Fassung in Klinkerringen, das Mineralwasser ist jedoch über die Steinringe ausgetreten.

24., 25., 26. Bad Brambach, Schillerquelle, Eisenquelle, Radonquelle: im Kurortteil von Bad Brambach in den Kellern von drei Steinhäusern gefaßte Mineralquellen zwischen Vogtlandhaus und Curiehaus.

27. Bad Brambach, Wiesenquelle: etwa 40 m östlich der Radonquelle gelegenes Steinhäuschen mit Mineralwasserfassung.

28. Plesná II (Fleißen, obere Quelle): Am Ortsausgang von Plesná in Richtung

Lomnička westlich der Straße steigt eine Talsenke in westlicher Richtung. Etwa 300 m von der Straße Steinrohrfassung der Quelle.

29. Plesná III (Fleißen, untere Quelle): etwa 80 m unterhalb der Quelle 28 gelegene Steinfassung mit Eisenrohrauslauf.

30. Plesná IV (Fleißen, Kohlmühle): rund 1 km östlich von Plesná im Tal des Plesná p. bei der Kohlmühle.

31. Kopanina (Frauenreuth): Steinrohrfassung mit Eisenrohrüberlauf im Tal eines kleinen Baches östlich der Straße Kopanina—Novy Kostel in einem Erlenwald.

32. Horka (Berg, Stöberlmühle): von Horka im Tal des Lipocky p. rund 500 m östlich gelegene Steinfassung, in die aus einem Eisenrohr das Mineralwasser läuft.

33. Mostek (Bruck): Betonrohrfassung von geringer Tiefe mit sehr geringem Überlauf in das Sumpfgebiet im Ort Mostek.

34. Schönberg, Säuerling: direkt an der Grenze gelegene Steinfassung, mit Holz überdacht. Von der Grenzstation Schönberg in östlicher Richtung über die Bahnlinie durch Waldweg erreichbar.

35. Zelená (Grün bei Wildstein): Vor dem Ortseingang im Tal des Scheidebaches gelegene Steinfassung mit dem Mineralwasser.

36. Děvin I (Döba, obere Quelle): im Tal des Lužni p. rund 1 km westlich von Děvin gelegene schlecht gefaßte Mineralquelle mit Auslauf zum Bach.

37. Děvin II (Döba, mittlere Quelle): etwa 1 km südlich der Quelle 36 gelegene mäßige Betonringfassung, die in den Lužni p. abfließt.

38. Děvin III (Döba, untere Quelle): ebenfalls im Tal des Lužni p. rund 800 m südlich von Quelle 37 gelegener Quellausfluß in Betonringfassung, in den Bach abfließend.

39. Soos, Vera Pramen (Soos, Veraquelle): am Rande des Naturschutzgebietes Soos gelegene Steinfassung, die westlich direkt neben der Straße Soos—Kateřina liegt.

40. Soos, Sud (Soos, Faßquelle): inmitten des nördlichen Teiles des Naturschutzgebietes in Holz gefaßte Mineralquelle.

41. Soos, Cisařsky Pramen (Soos, Kaiserquelle): etwa 200 m vom Eingang zur Soos gelegene Holzfassung mit Überdachung.

42. Povodí (Ensenbruck): Klinkerfassung am Ufer des Vonsovsky p. in unmittelbarer Nähe des Dorfes Povodí.

43. Hartoušov (Hartessenreuth): schlechte Fassung im Tal des Plesná p. mit Versumpfung und CO_2-Austritten mit Abfluß durch den Bach.

44. Hněvin (Knöba): etwa 300 m südlich des Dorfes gelegene Eisenrohrfassung im Tal des Skalna p. mit Abfluß in den Bach.

Diesen aus Karten und der Literatur entnommenen aufgefundenen Mineralquellen stehen einige aufgesuchte Stellen gegenüber, die ebenfalls verzeichnet waren, jedoch nicht mehr gefunden werden konnten. Sie sollen hier ebenfalls kurz genannt werden, um evtl. Irrtümer oder Fehlsuchen vorzubeugen.

1. Aš (Asch): zwei Quellen nicht mehr vorhanden und nichts mehr davon bekannt.
2. Vernerov (Wernersreuth): versiegte Quelle, nichts mehr bekannt.
3. Doubrava (Grün bei Asch): bei Quelle 12 durch Süßwasserzutritt vollkommen verschwundene Quelle.
4. Luby (Schönbach): Quelle ist überflutet durch einen angestauten Teich südlich der Musikinstrumentenfabrik.
5. Smrčina (Ermesgrün): bei Quelle 22, keine Schüttung mehr.

6. Mlynek (Mühlgrün): ehemaliger Mühlgrüner Sauerbrunnen, von Süßwasserzutritten vollkommen vermischt und verunreinigt.

7. Sucha bei Skalna (Dürr bei Wildstein): durch Abbauarbeiten des Kaolins ist das Gelände vollkommen verändert, wobei die Quelle versiegte.

8. Hluboka (Nonnengrün): Fassung vorhanden, jedoch nur noch CO_2-Gas und keine Mineralwasserproduktion mehr.

9. Vackovec (Watzkenreuth): nur Sumpf mit CO_2-Austritten, kein Wasseraustritt mehr.

10. Lesina (Harth): bei Povodí (Ensenbruck), durch den Stadola p. überflutet.

11. Nebanice (Nebanitz): im ehemaligen Abfüllbetrieb gelegene und genutzte Quelle wurde durch Pumpen gefördert.

3.1. Physikalische Untersuchungen

Die allgemeinen und physikalischen Untersuchungen erfolgten an der Quelle. Sie umfaßten folgende Punkte:

1. Messen oder Schätzen der Schüttung
2. Messung von Wassertemperatur, Lufttemperatur und Luftdruck
3. Sinnesprüfungen: Geruch, Geschmack und Aussehen
4. Wasserstoffionenkonzentration
5. Spezifische Leitfähigkeit bei Quelltemperatur und bei 20 °C
6. Radioaktivität
7. Bestimmung der Dichte.

Da die meisten Untersuchungen im Gelände vorgenommen werden mußten, waren als Meßgeräte nur solche geeignet, die unabhängig vom Netzstrom waren. Deshalb erfolgten die elektrometrischen Messungen mit Batteriegeräten. Für die Radioaktivität konnte das sonst übliche Schwingkondensator-Elektrometer ebenfalls nicht eingesetzt werden, es mußte auf das alte Fontaktoskop nach ENGLER und SIEVEKING zurückgegriffen werden. Mit diesen Geräten wurden alle Messungen durchgeführt, um auf jeden Fall vergleichbare Ergebnisse zu erhalten. Das Messen der Schüttung mußte in verschiedenen Fällen durch Schätzung ersetzt werden, da die Quellen manchmal diffus und flächig austraten oder innerhalb eines kleinen Quellteiches nicht klar abgegrenzt werden konnten.

3.2. Makrochemische Untersuchungen

Die makrochemischen Analysen bestanden im wesentlichen aus den ein Mineralwasser charakterisierenden Komponenten. Hierzu wurden bestimmt:

1. Kationen: Lithium, Natrium, Kalium, Calcium, Magnesium, Eisen (II), Mangan;
2. Anionen: Chlorid, Sulfat, Hydrogencarbonat;
3. undissoziierte Stoffe: m-Kieselsäure, freies gelöstes Kohlendioxid.

Die Ermittlung der Gehalte an Eisen, Hydrogencarbonat und Kohlendioxid erfolgten jeweils durch Titration an der Quelle. Die übrigen Arbeiten wurden im Labor durchgeführt. Lithium, Natrium und Kalium wurden flammenfotometrisch, Calcium und Chlorid titrimetrisch, Magnesium und Sulfat gravimetrisch und Mangan photometrisch bestimmt. Es handelte sich dabei um in der Mineralwasseranalyse übliche Methoden.

In den Tabellen 1 und 2 sind die erhaltenen Werte zusammengestellt nach den gewohnten Schemata der Mineralwasseranalyse als gelöste Stoffe in mg/kg, in Millival und der Angabe der Bilanzanteile der gelösten Milligrammäquivalente.

3.3. Spurenelementanalysen

Bei der Untersuchung der Spurenmetallverbreitung in den 44 kohlensäurereichen Mineralwässern der beschriebenen Quellenprovinz ging es uns um die Feststellung, inwieweit die qualitative und quantitative Erfassung einer Reihe von Spurenmetallen oder deren Verhältnisse als weiteres Charakteristikum für den jeweiligen Mineralwassertyp herangezogen werden kann bzw. welches Spurenelementmuster das Gestein, aus dem die Quelle entspringt, dieser aufprägt.

Die Bestimmung der Spurenmetalle erfolgte qualitativ bzw. halbquantitativ in Form einer spektrographischen Übersichtsanalyse und quantitativ für ausgewählte Spurenelemente mittels spektrophotometrischer Methoden.

Ausgehend von unserer apparativen Ausstattung, wählten wir für die spektrographische Analyse die Methode für die spektrochemische Spurenanalyse von Wässern nach Pohl, die wir geringfügig modifizierten. Nach Einengung des eingesetzten Mineralwasservolumens von 10 Liter auf ca. 1 Liter durch Eindampfung unter Ausschluß von Verunreinigung wurde eine Anreicherung der Spurenelemente bei gleichzeitiger Abtrennung von den Hauptbestandteilen durch Extraktion der mit organischen Komplexbildnern erhaltenen Metall-Chelat-Verbindungen mit organischen Solventien durchgeführt. In der von Pohl verwendeten Komplexbildnerkombination von Na-diethyldithiocarbamat (NaDDTC), Oxin und Dithizon ersetzten wir das NaDDTC durch das stabilere Ammoniumsalz der Ammonium-tetramethylen-dithiocarbamidsäure (NH_4-ATDTC), das gleichzeitig die p_H-Einstellung für die einzelnen Extraktionsschritte erleichterte. Es gelingt damit, 34 Elementarten, darunter nahezu alle biochemisch wirksamen Spurenmetalle, um einen Faktor von ca. 1000 anzureichern. Das nach Entfernung des organischen Lösungsmittels und Mineralisierung des Rückstandes mit $HClO_4$ und HNO_3 erhaltene Spurenmetallkonzentrat wurde nach Lösung in wenig verdünnter Salzsäure der Spektralanalyse zugeführt.

Der relativ hohe Eisengehalt einer Anzahl der zu untersuchenden Mineralwässer störte durch den Linienreichtum des Eisenspektrums den Nachweis der Analysenlinien einer Reihe interessierender Spurenelemente. Eine Abtrennung des Eisens aus dem Spurenmetallkonzentrat war in der Mehrzahl dieser Wässer nicht zu umgehen. Wir wählten hierzu das ebenfalls von Pohl angegebene Verfahren zur Abtrennung des Eisens durch Extraktion aus 6,5 M salzsaurer Lösung mit Diethylether.

Als spektrographisches Verfahren setzten wir die Kohlerädchenmethode (*rotating disc method*) mit Emissionsanregung durch Hochspannungsfunken ein, wie sie von Leutwein et al. für die Spektralanalyse von Salzlösungen und Wässern erprobt und empfohlen worden ist.

Gewählte Bedingungen für die spektrochemische Analyse: UV-Spektrograph FD-U nach Leutwein, Hochspannungsfunkenerzeuger HFO-1, Hochspannungsstufe III (ca. 10000 V) mit $L = 1{,}5$ mH und $C = 12$ nF, Elektrodenabstand 3 mm, Kohlerädchendurchmesser 20 mm Typ T 2 (VEB Elektrokohle Lichtenberg), Umdrehungsgeschwindigkeit 5 U/min, Spaltbreite 10 µm, Vorfunkzeit 60 s, Belichtung 180 s, Spektralplatten ORWO Typ WU 3, blau extra hart; Entwicklung: 1 : 5 verdünnter Methol-Hydro-

Tabelle 1

Allgemeine und physikalische Werte

No. Bezeichnung	Gesteinsart	Entnahme	Schüttung l/h	Wasser-temperatur °C	p_H-Wert	Spez. Leit-fähigkeit $\mu S \cdot cm^{-1}$ (bei 20 °C)	Radio-aktivität nCi/l
1. Hranice	Phyllit	13. 11. 1964	20	7,3	5,79	88	0,68
2. Bad Elster I	Phyllit	14. 01. 1958	112	9,71	5,79	4227	1,01
3. Bad Elster II	Phyllit	14. 01. 1958	240	9,47	5,72	2890	1,07
4. Bad Elster III	Phyllit	20. 08. 1957	643	9,86	5,77	2054	1,17
5. Bad Elster IV	Phyllit	25. 11. 1964	110	12,68	5,93	3511	1,29
6. Bad Elster V	Phyllit	19. 03. 1962	400	10,20	5,15	2756	1,02
7. Sohl I	Phyllit	02. 10. 1956	1200	9,50	5,89	3735	1,39
8. Sohl II	Phyllit	02. 10. 1956	1200	9,43	6,14	4347	3,28
9. Sohl III	Phyllit	02. 07. 1959	1200	9,65	5,81	3018	5,11
10. Sohl IV	Phyllit	02. 07. 1959	nicht meßbar	7,85	5,74	943	1,2
11. Raun—Waldquelle	Phyllit	24. 06. 1965	80	7,0	5,57	356	2,14
12. Doubrava	Phyllit	28. 08. 1963	158	8,24	6,07	3527	1,12
13. Smrčina I	Phyllit	10. 05. 1963	30	7,47	6,0	1280	1,16
14. Rauner Grund	Glimmerschiefer	24. 06. 1965	30	9,0	5,98	1102	0,30
15. Dolní Paseky	Glimmerschiefer	28. 08. 1963	60	9,08	6,12	4889	6,98
16. Oberbrambach I	Glimmerschiefer	21. 05. 1963	20	6,96	4,68	346	0,64
17. Oberbrambach II	Glimmerschiefer	24. 06. 1965	30	8,4	5,84	182	0,16
18. Oberbrambach III	Glimmerschiefer	21. 05. 1963	1250	8,05	5,10	519	0,31
19. Plesná I	Glimmerschiefer	28. 05. 1963	20	9,0	5,20	107	0,36
20. Smrčina II	Glimmerschiefer	22. 10. 1963	nicht meßbar	9,20	5,20	273	0,59
21. Lomnička I	Glimmerschiefer	02. 07. 1963	30	10,20	5,45	138	0,63
22. Lomnička II	Glimmerschiefer	02. 07. 1963	100	8,52	4,26	71	0,59
23. Lomnička III	Glimmerschiefer	28. 05. 1963	500	9,95	5,20	214	1,03
24. Bad Brambach I	Granit	09. 05. 1957	75	7,86	5,78	1412	170,2
25. Bad Brambach II	Granit	09. 05. 1957	312	6,45	5,90	1113	24,5

26. Bad Brambach III	Granit	01. 04. 1968	216	8,70	6,29	1526	755,—
27. Bad Brambach IV	Granit	01. 04. 1968	1600	7,55	5,78	303	56,8
28. Plesná II	Glimmerschiefer	15. 10. 1963	150	9,50	5,59	135	1,20
29. Plesná III	Glimmerschiefer	15. 10. 1963	75	9,03	5,54	190	0,28
30. Plesná IV	Glimmerschiefer	09. 07. 1963	300	8,16	5,23	640	1,12
31. Kopanina	Glimmerschiefer	16. 10. 1964	nicht meßbar	8,55	4,66	135	3,29
32. Horka	Glimmerschiefer	08. 09. 1964	180	8,50	5,03	222	1,24
33. Mostek	Tertiär-Ost	16. 10. 1964	45	9,9	4,73	102	0,58
34. Schönberg	Granit	21. 06. 1961	51	8,26	5,7	3213	13,6
35. Zelená	Tertiär-West	20. 11. 1964	126	8,90	6,83	1603	1,33
36. Děvín I	Tertiär-Ost	23. 10. 1964	nicht meßbar	9,4	5,64	248	0,90
37. Děvín II	Tertiär-Ost	05. 11. 1964	20	6,05	5,38	90	0,17
38. Děvín III	Tertiär-Ost	05. 11. 9164	72	7,7	5,04	99	0,26
39. Soos I	Tertiär-Ost	25. 08. 1964	120	9,00	4,87	184	0,36
40. Soos II	Tertiär-Ost	16. 09. 1964	nicht meßbar	9,6	5,02	311	0,07
41. Soos III	Tertiär-West	25. 08. 1964	80	17,45	6,15	5934	2,09
42. Povodí	Tertiär-West	14. 10. 1964	120	10,15	5,58	2030	0,37
43. Hartoušov	Tertiär-Ost	08. 09. 1964	30	9,6	4,76	132	0,36
44. Hněvín	Tertiär-West	14. 10. 1964	80	9,05	5,75	3501	0,11

Tabelle 2

Chemische Werte der Analysen

	1 — Hranice			2 — Bad Elster I			3 — Bad Elster II			4 — Bad Elster III		
	mg/kg	mval/kg	mavl-%	mg/kg	mval/kg	mval-%	mg/kg	mval/kg	mval-%	mg/kg	mval/kg	mval-%
Li^+	0,014	0,002	0,2	2,94	0,424	0,9	1,58	0,228	0,7	1,20	0,172	0,9
Na^+	3,11	0,135	10,4	938,3	40,81	84,6	601,6	26,17	83,7	396,6	17,25	81,1
K^+	0,60	0,015	1,2	23,49	0,601	1,2	15,69	0,401	1,3	12,0	0,306	1,5
Ca^{2+}	5,21	0,260	20,1	49,01	2,446	5,1	30,26	1,510	4,8	24,2	1,206	5,7
Mg^{2+}	2,92	0,240	18,5	40,08	3,296	6,8	28,16	2,316	7,4	20,5	1,687	8,0
Fe^{2+}	17,49	0,626	48,5	17,42	0,624	1,3	17,61	0,631	2,0	15,5	0,557	2,7
Mn^{2+}	0,40	0,015	1,1	0,52	0,019	0,1	0,64	0,023	0,1	0,49	0,018	0,1
Summe Kationen	29,744	1,293	100,0	1071,76	48,220	31,279	695,54	31,279	100,0	470,49	21,196	100,0
Cl^-	3,55	0,100	7,7	615,0	17,35	35,7	383,4	10,95	34,8	260,3	7,341	34,4
SO_4^{2-}	5,31	0,111	8,6	975,1	20,30	41,8	626,7	13,05	41,4	432,9	9,013	42,3
HCO_3^-	65,90	1,080	83,7	663,9	10,88	22,5	459,1	7,524	23,8	300,8	4,930	23,3
Summe Anionen	74,76	1,291	100,0	2254,0	48,53	100,0	1474,20	31,24	100,0	994,0	21,284	100,0
H_2SiO_3	17,67			37,33			35,24			36,9		
Gelöste feste Stoffe	122,174			3363,09			2204,98			1501,39		
CO_2	131,2			2259,—			1613,—			1111,—		
Gesamtinhalt	253,374			5622,09			3817,98			2612,39		
Charakteristik:	Eisenhaltiges Wasser			Eisenhaltiger Na—SO_4—Cl—HCO_3-Säuerling			Eisenhaltiger Na—SO_4—Cl—HCO_3-Säuerling			Eisenhaltiger Na—SO_4—Cl—HCO_3-Säuerling		

	5 — Bad Elster IV			6 — Bad Elster V			7 — Sohl I			8 — Sohl II		
	mg/kg	mval/kg	mval-%	mg/kg	mval/kg	mval-%	mg/kg	mval/kg	mval-%	mg/kg	mval/kg	mval-%
Li^+	2,12	0,306	0,8	1,7	0,251	0,7	1,22	0,176	0,4	1,33	0,192	0,3
Na^+	754,1	32,8	84,3	630,2	27,41	79,9	817,8	35,56	83,8	951,4	41,37	84,6
K^+	21,14	0,541	1,4	32,6	0,834	2,4	20,72	0,530	1,2	23,74	0,607	1,2
Ca^{2+}	40,01	1,997	5,1	47,2	2,354	6,9	48,65	2,438	5,7	51,33	2,561	5,2
Mg^{2+}	29,74	2,446	6,3	34,5	2,837	8,3	38,81	3,192	7,5	44,28	3,642	7,4
Fe^{2+}	20,96	0,751	1,9	15,8	0,566	1,7	15,83	0,567	1,3	15,11	0,541	1,1
Mn^{2+}	0,67	0,024	0,2	0,46	0,017	0,1	0,49	0,018	0,1	0,32	0,012	0,1
Summe Kationen	868,74	38,865	100,0	762,46	34,269	100,0	943,52	42,481	100,0	1087,51	48,925	100,0
Cl^-	465,5	13,13	33,6	432,9	12,21	35,3	579,4	16,34	38,0	666,30	18,79	38,0
SO_4^{2-}	767,3	15,98	40,9	689,6	14,36	41,5	792,9	16,51	38,5	926,9	19,3	39,0
HCO_3^-	609,2	9,984	25,5	488,1	7,999	23,2	616,8	10,11	23,5	692,5	11,35	23,0
Summe Anionen	1842,0	39,094	100,0	1610,6	34,569	100,0	1989,10	42,96	100,0	2285,7	49,44	100,0
H_2SiO_3	35,84			35,25			40,32			42,26		
Gelöste feste Stoffe	2746,58			2408,31			2972,94			3415,47		
CO_2	1941,—			1663,—			1568,—			1734,—		
Gesamtinhalt	4687,58			4071,31			4540,94			5149,47		
Charakteristik:	Eisenhaltiger Na—SO_4—Cl—HCO_3-Säuerling			Eisenhaltiger Na—SO_4—Cl—HCO_3—Säuerling			Eisenhaltiger Na—SO_4—Cl—HCO_3-Säuerling			Eisenhaltiger Na—SO_4—Cl—HCO_3-Säuerling		

Tabelle 2 (Fortsetzung)

	9 — Sohl III			10 — Sohl IV			11 — Raun—Waldquelle			12 — Doubrava		
	mg/kg	mval/kg	mval-%	mg/kg	mval/kg	mval-%	mg/kg	mval/kg	mval-%	mg/kg	mval/kg	mval-%
Li^+	1,07	0,154	0,4	0,18	0,026	0,2	0,17	0,024	0,5	0,038	0,006	0,0
Na^+	679,4	29,54	84,1	166,9	7,259	68,9	26,46	1,151	27,6	659,0	28,66	71,7
K^+	17,89	0,457	1,3	4,41	0,113	1,1	1,53	0,039	1,0	33,84	0,866	2,2
Ca^{2+}	37,12	1,852	5,3	18,15	0,906	8,6	21,24	1,060	25,5	135,8	6,776	17,0
Mg^{2+}	31,81	2,616	7,4	23,77	1,955	18,5	17,27	1,420	34,2	38,26	3,146	7,9
Fe^{2+}	14,17	0,507	1,4	7,26	0,260	2,5	12,85	0,460	11,1	13,50	0,487	1,2
Mn^{2+}	0,32	0,012	0,1	0,83	0,030	0,2	0,04	0,002	0,1	0,33	0,012	0,0
Summe Kationen	781,78	35,138	100,0	221,50	10,549	100,0	79,56	4,156	100,0	80,868	39,953	100,0
Cl^-	481,6	13,58	38,2	108,1	3,049	28,7	9,75	0,275	6,5	403,2	11,37	26,8
SO_4^{2-}	651,8	13,57	38,2	202,6	4,218	39,8	24,08	0,501	11,8	682,2	14,20	33,5
HCO_3^-	512,8	8,405	23,6	204,3	3,348	31,5	212,0	3,474	81,7	1027,—	16,83	39,7
Summe Anionen	1646,2	35,555	100,0	515,0	10,615	100,0	245,83	4,250	100,0	2112,4	42,40	100,0
H_2SiO_3	38,52			32,50			59,41			63,15		
Gelöste feste Stoffe	2466,52			769,00			384,80			3056,42		
CO_2	1384,—			803,—			1364,—			1998,—		
Gesamtinhalt	3850,52			1572,00			1748,8			5054,42		
Charakteristik:	Eisenhaltiger Na—SO_4—Cl—HCO_3-Säuerling			einfaches Wasser			Eisenhaltiger Säuerling			Eisenhaltiger Na—HCO_3—SO_4—Cl-Säuerling		

	13 — Smrčina			14 — Rauner Grund			15 — Dolní Paseky			16 — Oberbrambach I		
	mg/kg	mval/kg	mval-%	mg/kg	mval/kg	mval-%	mg/kg	mval/kg	mval-%	mg/kg	mval/kg	mval-%
Li^+	0,43	0,062	0,4	0,57	0,082	0,6	0,83	0,120	0,2	0,13	0,019	0,3
Na^+	231,30	10,060	60,5	199,3	8,666	63,2	1 133,—	49,28	80,0	13,49	0,587	8,9
K^+	10,50	0,269	1,6	4,58	0,117	0,9	33,88	0,867	1,4	2,43	0,062	0,9
Ca^{2+}	69,56	3,471	20,8	47,90	2,390	17,5	166,4	8,303	13,5	63,91	3,189	48,4
Mg^{2+}	30,35	2,496	15,0	23,96	1,970	14,4	29,43	2,420	3,9	18,95	1,558	23,6
Fe^{2+}	7,60	0,272	1,6	12,85	0,460	3,4	16,83	0,603	1,0	32,22	1,154	17,5
Mn^{2+}	0,49	0,018	0,1	0,082	0,003	0,0	0,58	0,021	0,0	0,76	0,028	0,4
Summe Kationen	350,25	16,648	100,0	289,242	13,688	100,0	1 380,95	61,614	100,0	131,89	6,597	100,0
Cl^-	96,27	2,715	16,9	115,2	3,250	23,7	598,3	17,27	28,0	5,32	0,150	2,3
SO_4^{2-}	156,4	3,256	20,3	191,6	3,990	29,2	1 235,—	25,71	41,8	19,04	0,396	6,0
HCO_3^-	615,5	10,090	62,8	393,6	6,451	47,1	1 135,—	18,60	30,2	368,9	6,045	91,7
Summe Anionen	868,17	16,061	100,0	700,4	13,691	100,0	2 968,3	61,58	100,0	393,26	6,59	100,0
H_2SiO_3	48,58			74,62			46,37			61,37		
Gelöste feste Stoffe	1 266,98			1 064,26			4 395,62			586,52		
CO_2	1 096,—			840,4			2 112,—			2 647,—		
Gesamtinhalt	2 362,98			1 924,66			6 507,62			3 233,52		
Charakteristik:	Na—Ca—HCO_3—SO_4-Säuerling			Eisenhaltiges Na—HCO_3—SO_4—Cl-Wasser			Eisenhaltiger Na—SO_4—HCO_3—Cl-Säuerling			Eisenhaltiger Säuerling		

Tabelle 2 (Fortsetzung)

	17 — Oberbrambach II			18 — Oberbrambach III			19 — Plesná I			20 — Smrčina II		
	mg/kg	mval/kg	mval-%	mg/kg	mval/kg	mval-%	mg/kg	mval/kg	mval-%	mg/kg	mval/kg	mval-%
Li^+	0,05	0,008	0,5	1,09	0,158	0,5	0,002	0,0005	0,0	0,0	0,0	0,0
Na^+	8,02	0,349	21,5	13,69	0,595	19,5	9,51	0,423	27,9	14,87	0,647	18,5
K^+	1,45	0,037	2,3	6,94	0,178	5,8	1,15	0,029	1,9	4,52	0,116	3,3
Ca^{2+}	14,83	0,740	45,5	29,12	1,453	47,7	6,83	0,341	22,4	13,23	0,660	18,8
Mg^{2+}	5,23	0,430	26,5	7,96	0,654	21,5	5,35	0,440	29,0	10,43	0,860	24,6
Fe^{2+}	1,68	0,060	3,7	2,90	0,104	3,4	7,54	0,270	17,8	33,38	1,195	34,2
Mn^{2+}	0,0	0,0	0,0	1,35	0,049	1,6	0,39	0,015	1,0	0,59	0,022	0,6
Summe Kationen	31,26	1,624	100,0	63,05	3,191	100,0	30,77	1,5183	100,0	77,02	3,500	100,0
Cl^-	4,43	0,130	0,9	36,32	1,024	33,6	1,77	0,050	3,3	3,55	0,100	2,8
SO_4^{2-}	45,64	0,950	77,3	17,52	0,365	11,9	10,70	0,223	14,6	25,07	0,525	15,0
HCO_3^-	18,31	0,300	21,8	101,6	1,665	54,5	76,52	1,254	82,1	175,4	2,875	82,2
Summe Anionen	68,38	1,380	100,0	155,44	3,054	100,0	88,99	1,537	100,0	204,02	3,500	100,0
H_2SiO_3	n. b.			41,43			41,85			70,24		
Gelöste feste Stoffe	99,64			259,92			161,61			351,28		
CO_2	61,61			1476,—			1453,—			2072,—		
Gesamtinhalt	161,25			1735,92			1614,61			2432,28		
Charakteristik:	Einfaches Wasser			Säuerling			Säuerling			Eisenhaltiger Säuerling		

	21 — Lomnička I			22 — Lomnička II			23 — Lomnička III			24 — Bad Brambach I		
	mg/kg	mval/kg	mval-%	mg/kg	mval/kg	mval-%	mg/kg	mval/kg	mval-%	mg/kg	mval/kg	mval-%
Li^+	0,003	0,0004	0,0	0,013	0,0002	0,0	0,004	0,0005	0,0	0,82	0,118	0,6
Na^+	8,44	0,367	25,4	4,15	0,180	30,4	4,33	0,188	6,9	201,5	8,764	47,2
K^+	2,82	0,072	5,0	1,72	0,044	7,3	2,92	0,075	2,7	9,99	0,256	1,2
Ca^{2+}	5,15	0,257	17,8	3,34	0,167	28,1	8,08	0,403	14,7	141,3	7,051	38,0
Mg^{2+}	3,16	0,260	18,0	0,51	0,042	7,0	6,85	0,563	20,5	26,23	2,157	11,6
Fe^{2+}	13,31	0,477	33,1	4,47	0,160	26,9	41,54	1,487	54,2	6,70	0,240	1,3
Mn^{2+}	0,28	0,010	0,7	0,05	0,002	0,3	0,74	0,027	1,0	0,43	0,016	0,1
Summe Kationen	33,163	1,443	100,0	14,253	0,595	100,0	64,46	2,744	100,0	386,97	18,572	100,0
Cl^-	0,53	0,015	1,0	0,89	0,025	4,2	0,71	0,020	0,7	86,77	2,447	13,0
SO_4^{2-}	7,02	0,146	10,0	3,78	0,079	13,2	11,06	0,231	8,4	222,5	4,632	24,7
HCO_3^-	79,32	1,300	89,0	29,90	0,49	82,6	152,6	2,501	90,9	712,5	11,68	62,3
Summe Anionen	86,87	1,461	100,0	34,57	0,594	100,0	164,37	2,752	100,0	1021,77	18,759	100,0
H_2SiO_3	67,83			31,00			69,19			44,7		
Gelöste feste Stoffe	187,86			79,82			298,02			1453,44		
CO_2	2168,—			2216,—			2007,—			2402,—		
Gesamtinhalt	2355,86			2295,82			2305,02			3855,44		
Charakteristik:	Eisenhaltiger Säuerling			Säuerling			Eisenhaltiger Säuerling			Radioaktiver Na—Ca—HCO_3—SO_4-Säuerling		

Tabelle 2 (Fortsetzung)

	25 — Bad Brambach II			26 — Bad Brambach III			27 — Bad Brambach IV			28 — Plesná II		
	mg/kg	mval/kg	mval-%	mg/kg	mval/kg	mval-%	mg/kg	mval/kg	mval-%	mg/kg	mval/kg	mval-%
Li^+	0,65	0,094	0,7	0,54	0,078	0,4	0,05	0,007	0,3	0,02	0,005	0,2
Na^+	143,8	6,255	46,8	235,2	23,0	47,6	16,07	0,699	25,5	11,07	0,482	27,3
K^+	6,97	0,178	1,3	10,16	0,260	1,2	5,19	0,133	4,8	2,45	0,063	3,5
Ca^{2+}	98,03	4,892	36,6	164,3	8,190	38,1	30,05	1,499	54,6	3,62	0,180	10,2
Mg^{2+}	18,43	1,516	11,4	29,30	2,410	11,2	4,88	0,401	14,6	3,41	0,281	15,9
Fe^{2+}	11,46	0,410	3,1	8,15	0,292	1,4	0,13	0,005	0,2	20,49	0,750	42,6
Mn^{2+}	0,36	0,013	0,1	0,46	0,017	0,1	0,00	0,000	0,0	0,16	0,006	0,3
Summe Kationen	279,70	13,328	100,0	452,97	21,477	100,0	56,73	2,744	100,0	41,22	1,765	100,0
Cl^-	63,83	1,800	13,0	72,24	2,04	9,6	66,14	1,865	66,9	0,09	0,003	0,1
SO_4^{2-}	176,4	3,673	26,5	244,3	5,09	23,9	22,13	0,461	16,5	11,01	0,229	13,0
HCO_3^-	511,0	8,375	60,5	865,5	14,18	66,5	28,30	0,464	16,6	93,54	1,533	86,9
Summe Anionen	715,23	13,848	100,0	1182,04	21,31	100,0	116,57	2,790	100,0	104,64	1,765	100,0
H_2SiO_3	40,09			63,21			14,60			60,02		
Gelöste feste Stoffe	1071,02			1698,22			187,54			205,88		
CO_2	2893,—			2535,—			114,4			1599,—		
Gesamtinhalt	3964,02			4233,22			301,94			1804,88		
Charakteristik:	Radioaktiver, eisenhaltiger Na—Ca—HCO_3—SO_4-Säuerling			Radioaktiver Na—Ca—HCO_3—SO_4-Säuerling			Radioaktives Wasser			Eisenhaltiger Säuerling		

	29 — Plesná III			30 — Plesná IV			31 — Kopanina			32 — Horka		
	mg/kg	mval/kg	mval-%	mg/kg	mval/kg	mval-%	mg/kg	mval/kg	mval-%	mg/kg	mval/kg	mval-%
Li^+	0,08	0,012	0,5	0,37	0,054	0,7	0,06	0,009	0,5	0,029	0,004	0,1
Na^+	10,24	0,435	17,1	74,10	3,222	45,0	5,53	0,240	14,2	6,92	0,301	10,2
K^+	1,21	0,031	1,2	6,42	0,164	2,2	2,12	0,054	3,2	2,73	0,070	2,4
Ca^{2+}	5,21	0,260	10,2	18,30	0,911	12,2	14,83	0,740	43,7	14,26	0,712	24,1
Mg^{2+}	6,57	0,540	21,3	20,76	1,707	22,8	2,80	0,230	13,6	10,43	0,858	29,1
Fe^{2+}	35,32	1,261	49,6	39,40	1,411	18,8	11,08	0,397	23,5	27,53	0,986	33,3
Mn^{2+}	0,36	0,001	0,1	0,50	0,018	0,3	0,59	0,022	1,3	0,64	0,023	0,8
Summe Kationen	58,90	2,540	100,0	159,85	7,487	100,0	37,01	1,692	100,0	62,539	2,954	100,0
Cl^-	0,89	0,025	1,0	22,15	0,625	8,8	10,65	0,300	17,7	12,42	0,350	11,7
SO_4^{2-}	10,30	0,214	8,4	56,30	1,172	16,5	22,68	0,472	27,9	16,77	0,349	11,6
HCO_3^-	104,4	2,301	90,6	344,8	5,651	74,7	56,15	0,920	54,4	140,3	2,299	76,7
Summe Anionen	151,59	2,540	100,0	423,25	7,448	100,0	89,48	1,692	100,0	169,49	2,998	100,0
H_2SiO_3	88,96			72,21			26,03			70,29		
Gelöste feste Stoffe	299,45			655,31			152,52			302,319		
CO_2	2066,—			2604,—			1813,—			2125,—		
Gesamtinhalt	2365,45			3259,31			1965,52			2427,319		
Charakteristik:	Eisenhaltiger Säuerling			Eisenhaltiger Säuerling			Eisenhaltiger Säuerling			Eisenhaltiger Säuerling		

Tabelle 2 (Fortsetzung)

	33 — Mostek			34 — Schönberg			35 — Zelená			36 — Děvín I		
	mg/kg	mval/kg	mval-%	mg/kg	mval/kg	mval-%	mg/kg	mval/kg	mval-%	mg/kg	mval/kg	mval-%
Li^+	0,01	0,002	0,2	4,59	0,66	1,5	0,48	0,069	0,3	0,03	0,0043	0,1
Na^+	3,04	0,132	12,6	865,4	37,64	85,0	152,3	6,624	29,9	8,96	0,390	9,7
K^+	2,25	0,057	5,5	37,73	0,965	2,2	16,61	0,425	1,9	1,90	0,048	1,2
Ca^{2+}	9,02	0,450	42,9	43,47	2,169	4,9	258,1	12,88	58,0	30,56	1,524	38,1
Mg^{2+}	3,28	0,270	25,8	25,21	2,073	4,7	19,46	1,600	7,2	24,08	1,980	49,6
Fe^{2+}	3,63	0,130	12,4	16,98	0,608	1,4	12,60	0,451	2,0	1,34	0,048	1,2
Mn^{2+}	0,17	0,006	0,6	3,62	0,132	0,3	4,10	0,149	0,7	0,12	0,004	0,1
Summe Kationen	21,40	1,047	100,0	997,00	44,247	100,0	463,65	22,198	100,0	66,99	3,99	100,0
Cl^-	7,10	0,200	19,4	143,4	4,044	9,4	35,46	1,000	4,5	21,30	0,601	15,0
SO_4^{2-}	15,99	0,333	32,2	812,9	16,95	39,6	193,9	4,037	18,2	53,02	1,104	27,6
HCO_3^-	30,51	0,500	48,4	1334,—	21,86	51,0	1047,—	17,16	77,3	140,3	2,299	57,4
Summe Anionen	53,60	1,033	100,0	2290,3	42,854	100,0	1276,36	22,197	100,0	214,62	4,004	100,0
H_2SiO_3	14,92			104,9			95,18			32,20		
Gelöste feste Stoffe	89,92			3392,20			1835,19			313,81		
CO_2	1992,—			2522,—			1426,—			1628,—		
Gesamtinhalt	2081,92			5914,20			3261,19			1941,81		
Charakteristik:	Säuerling			Eisenhaltiger Na—HCO_3—SO_4-Säuerling			Eisenhaltiger Ca—Na—HCO_3-Säuerling			Säuerling		

	37 — Děvín II			38 — Děvín III			39 — Soos I			40 — Soos II		
	mg/kg	mval/kg	mval-%	mg/kg	mval/kg	mval-%	mg/kg	mval/kg	mval-%	mg/kg	mval/kg	mval-%
Li^+	0,03	0,004	0,3	0,064	0,009	0,7	0,065	0,009	0,3	0,18	0,026	0,6
Na^+	15,01	0,653	47,1	15,86	0,690	51,4	13,84	0,602	18,7	22,47	0,977	22,9
K^+	1,64	0,042	3,0	4,30	0,110	8,2	3,96	0,101	3,1	9,75	0,243	5,7
Ca^{2+}	9,98	0,498	36,0	4,97	0,248	18,4	21,55	1,075	33,3	25,99	1,297	30,5
Mg^{2+}	1,64	0,135	9,7	1,28	0,106	7,9	14,38	1,183	36,9	11,28	0,928	21,8
Fe^{2+}	1,50	0,054	3,9	5,03	0,180	13,4	4,05	0,218	6,7	21,83	0,782	18,4
Mn^{2+}	0,0	0,0	0,0	0,0	0,0	0,0	0,084	0,031	1,0	0,16	0,006	0,1
Summe Kationen	29,80	1,386	100,0	31,504	1,343	100,0	57,93	3,219	100,0	91,64	4,259	100,0
Cl^-	3,55	0,100	7,2	3,55	0,100	7,4	6,21	0,175	5,5	3,50	0,012	0,3
SO_4^{2-}	3,99	0,083	6,0	16,43	0,342	25,5	8,74	0,182	5,7	14,24	0,296	6,7
HCO_3^-	73,25	1,200	86,8	54,92	0,900	67,1	173,1	2,837	88,8	251,4	4,120	93,0
Summe Anionen	80,79	1,383	100,0	74,90	1,342	100,0	188,05	3,194	100,0	269,14	4,428	100,0
H_2SiO_3	16,98			26,46			28,00			57,64		
Gelöste feste Stoffe	127,57			132,86			275,98			418,42		
CO_2	1417,—			1918,—			2310,—			2006,—		
Gesamtinhalt	1544,57			2050,86			2585,98			2424,42		
Charakteristik:	Säuerling			Säuerling			Säuerling			Eisenhaltiger Säuerling		

Tabelle 2 (Fortsetzung)

	41 — Soos III			42 — Povodí			43 — Hartoušov			44 — Hněvin		
	mg/kg	mval/kg	mval-%	mg/kg	mval/kg	mval-%	mg/kg	mval/kg	mval-%	mg/kg	mval/kg	mval-%
Li^+	2,82	0,407	0,5	1,05	0,149	0,6	0,03	0,004	0,1	2,48	0,635	1,3
Na^+	1532,—	66,62	85,9	415,1	18,05	72,0	7,82	0,340	8,0	649,1	28,23	58,9
K^+	132,1	3,379	4,4	57,32	1,466	5,9	4,43	0,113	2,7	74,77	1,912	4,0
Ca^{2+}	68,69	3,428	4,4	48,74	2,432	9,7	26,10	1,302	30,7	183,0	9,135	19,1
Mg^{2+}	26,85	2,208	2,9	25,41	2,090	8,3	26,58	2,186	51,6	79,74	6,517	13,6
Fe^{2+}	39,92	1,430	1,8	22,73	0,814	3,2	7,68	0,275	6,5	38,59	1,382	2,9
Mn^{2+}	1,18	0,043	0,1	1,94	0,067	0,3	0,42	0,015	0,4	2,56	0,092	0,2
Summe Kationen	1803,56	77,515	100,0	572,31	25,068	100,0	73,06	4,235	100,0	1030,24	47,903	100,0
Cl^-	571,7	16,12	21,0	94,85	2,703	11,2	10,64	0,300	7,1	163,1	4,600	9,8
SO_4^{2-}	1777,—	37,00	48,3	391,8	8,178	33,9	136,1	2,834	67,3	746,0	15,53	33,2
HCO_3^-	1433,—	23,49	30,7	808,5	13,25	54,9	65,88	1,080	25,6	1623,—	26,60	57,0
Summe Anionen	3781,7	76,61	100,0	1295,15	24,131	100,0	212,62	4,214	100,0	2532,1	46,730	100,0
H_2SiO_3	121,6			115,3			20,35			105,9		
Gelöste feste Stoffe	5706,86			1982,76			306,03			3668,24		
CO_2	2073,—			2296,—			1989,—			2520,—		
Gesamtinhalt	7779,86			4278,76			2295,05			6188,24		
Charakteristik:	Eisenhaltiger Na—SO_4—HCO_3—Cl-Säuerling			Eisenhaltiger Na—HCO_3—SO_4-Säuerling			Säuerling			Eisenhaltiger Na—HCO_3—SO_4-Säuerling		

chinon-Entwickler, 5 min bei 18 °C (Schaukelentwicklung). Palladium diente als innerer Standard, Indium als spektroskopischer Puffer in Anlehnung an die Methode von SILVEY und BRENNAN. Die Auswertung der Spektren erfolgte nach dem leitprobengebundenen Verfahren. Zur Schwärzungsmessung diente ein Schnellphotometer G II (VEB Carl Zeiss Jena).

Der Fehler der ermittelten Elementkonzentrationen lag bei dieser Übersichtsanalyse bei durchschnittlich 20%. Sie besitzt damit halbquantitative Aussagekraft.

Das Ergebnis der spektrographischen Übersichtsanalyse der 44 Mineralwässer ist in Tabelle 3 zusammengefaßt.

Tabelle 3

Ergebnisse der spektrographischen Untersuchungen

Element	Anzahl der untersuchten Wässer	Anzahl der Wässer, in denen das Spurenelement nachgewiesen wurde	Konzentrationsbereich in µg/kg Wasser
Al	44	44 (100%)	200–2000
Mn	44	44 (100%)	100–500
Zn	44	44 (100%)	50–500
Cu	44	44 (100%)	10–200
Pb	44	44 (100%)	1–50
Ni	44	44 (100%)	1–50
Co	44	44 (100%)	1–50
Mo	44	28 (64%)	1–10
Ag	44	44 (100%)	1–10
Zr	44	38 (86%)	1–50
Ti	44	30 (68%)	5–50
Cd	44	7 (16%)	0,1–1
Bi	44	3 (6,8%)	0,1–1
Cr	44	8 (18%)	0,1–1
V	44	16 (36%)	0,1–1

Zur quantitativen Bestimmung der Einzelelemente setzten wir bewährte spektrophotometrische und spektrofluorimetrische Methoden der Spurenmetallanalytik aus der Mineralwasser- und Agrochemie ein.

Es wurden folgende Elemente quantitativ bestimmt (Tabellen 4a und 4b):

Kupfer: als Kupfer-diethyldithiocarbamat durch Komplexverdrängungsreaktion mit Blei-diethyldithiocarbamat nach SCHARRER und SCHAUMLÖFFEL (diese auf unterschiedliche Löslichkeitsprodukte der einzelnen Metallchelate beruhende Methode ist für Kupfer selektiv)
bzw. als Kupfer-dithizonat nach gemeinsamer Extraktion mit Zink und Blei und Maskierung der störenden Elemente (IWANTSCHEFF; HÖLL)

Zink: mit Indooxin (Chinolin-chinon-(5,8)-8(Oxychinolyl-5)-imid)-(5) nach Anreicherung und Abtrennung des Zinks als Dithizonat (SCHARRER und MUNK)

Tabelle 4a

Spurenelementgehalte in μg/kg

Quelle	Cu μg/kg	Zn μg/kg	Pb μg/kg	Co μg/kg	Ni μg/kg	Mo μg/kg	V μg/kg	Ag μg/kg	Be μg/kg
1. Hranice	23,0	154	38,0	23,0	5,8	5,4	0,10	2,6	0,6
2. Bad Elster I	59,0	78	15,0	9,6	24,9	4,6	0,43	8,5	3,6
3. Bad Elster II	30,0	49	13,0	7,7	16,4	2,4	0,30	5,5	3,0
4. Bad Elster III	28,1	43	10,1	6,4	14,3	2,0	0,25	3,9	2,7
5. Bad Elster IV	87,0	68	14,0	8,4	18,9	3,5	0,33	5,0	4,7
6. Bad Elster V	66,0	45	6,0	6,2	9,8	2,4	0,30	2,8	6,3
7. Sohl I	34,2	111	5,1	3,7	9,5	1,4	0,29	2,5	2,0
8. Sohl II	41,0	220	14,4	4,6	13,2	1,7	0,32	2,8	3,6
9. Sohl III	31,2	96	4,8	4,4	8,9	1,5	0,30	2,1	3,3
10. Sohl IV	20,0	195	13,0	11,6	28,0	1,5	0,12	3,3	3,1
11. Raun—Waldquelle	11,1	92	7,0	15,8	26,7	2,5	0,30	1,4	1,5
12. Doubrava	51,0	175	37,0	3,9	5,0	2,0	0,15	8,1	4,0
13. Smrčina I	45,0	168	7,4	13,6	18,2	1,8	0,20	3,1	2,2
14. Rauner Grund	58,1	294	16,9	23,4	39,6	3,1	0,20	2,8	1,9
15. Dolní Paseky	63,3	344	27,2	7,0	8,1	1,3	0,35	4,8	12,3
16. Oberbrambach I	72,0	381	38,0	9,7	16,0	1,9	0,40	5,0	11,8
17. Oberbrambach II	9,2	42	0,5	10,7	21,8	0,4	0,14	0,6	0,8
18. Oberbrambach III	55,0	272	18,0	14,1	33,0	1,1	0,35	11,8	9,8
19. Plesná I	90,0	484	35,0	19,2	24,4	3,0	0,28	2,8	1,2
20. Smrčina II	87,6	756	38,4	24,1	32,8	4,8	0,24	3,2	2,0
21. Lomnička I	160,0	1630	18,0	16,8	26,7	5,5	0,29	4,3	1,8
22. Lomnička II	83,0	460	16,0	16,2	21,8	3,0	0,15	1,6	0,8
23. Lomnička III	182,0	875	39,0	18,4	30,6	7,8	0,32	3,2	2,5
24. Bad Brambach I	53,0	113	29,0	6,1	8,4	1,9	0,17	8,2	5,5
25. Bad Brambach II	48,1	80	22,0	4,9	6,5	2,4	0,10	6,4	4,5
26. Bad Brambach III	69,2	114	35,0	6,6	9,4	2,9	0,20	8,4	8,0
27. Bad Brambach IV	29,0	232	21,0	1,4	3,8	1,2	0,10	3,1	3,7
28. Plesná II	87,2	710	16,5	14,6	23,8	5,9	0,10	2,8	3,8
29. Plesná III	92,5	685	53,5	20,6	32,1	8,7	0,35	3,1	5,0
30. Plesná IV	187,5	2790	38,0	25,7	38,4	5,2	0,14	4,9	7,0
31. Kopanina	59,3	431	21,0	9,2	12,6	1,8	0,12	1,9	2,3
32. Horka	67,0	249	29,0	34,8	40,8	4,1	0,38	3,3	4,2
33. Mostek	42,0	239	19,0	22,3	7,8	2,9	0,10	0,9	1,1
34. Schönberg	35,0	86	27,0	8,2	18,8	4,1	0,35	6,2	7,9
35. Zelená	33,0	96	47,0	14,8	18,2	9,2	0,40	3,8	3,6
36. Děvin I	61,0	164	42,0	33,1	10,4	4,0	0,38	8,3	1,9
37. Děvin II	49,0	176	33,0	19,8	3,5	3,4	0,25	5,9	0,7
38. Děvin III	42,0	126	18,0	21,3	4,0	2,0	0,12	7,5	0,6
39. Soos I	66,5	310	41,5	26,4	8,2	6,9	0,22	4,8	1,7
40. Soos II	65,0	160	33,0	25,0	6,7	9,8	0,40	5,9	2,2
41. Soos III	88,5	174	27,8	25,4	33,5	2,7	0,30	10,3	17,0
42. Povodí	43,0	118	48,0	18,6	23,9	3,4	0,10	5,2	16,0
43. Hartoušov	52,0	287	36,0	34,0	17,0	4,0	0,30	4,2	0,8
44. Hněvín	58,0	224	52,0	16,8	30,8	4,6	0,20	7,8	19,4

Tabelle 4b

Spurenelementgehalte in ppm der gelösten festen Stoffe

Quelle	Cu ppm	Zn ppm	Pb ppm	Co ppm	Ni ppm	Mo ppm	V ppm	Ag ppm	Be ppm
1. Hranice	188,3	1260,5	265,1	188,3	47,5	44,2	0,81	21,3	4,9
2. Bad Elster I	17,5	23,1	4,5	2,9	7,4	1,4	0,13	2,5	1,1
3. Bad Elster II	18,6	30,3	8,1	4,8	10,2	1,5	0,19	3,4	1,9
4. Bad Elster III	17,5	30,0	6,3	4,0	8,9	1,3	1,6	2,4	1,7
5. Bad Elster IV	31,6	24,7	5,1	3,1	6,9	1,3	0,12	1,8	1,7
6. Bad Elster V	34,4	23,5	3,1	3,2	5,1	1,3	0,16	1,5	3,3
7. Sohl I	11,3	37,2	1,7	1,2	3,2	0,5	0,10	0,8	0,7
8. Sohl II	11,9	64,2	4,2	1,3	3,9	0,5	0,09	0,8	1,0
9. Sohl III	12,5	38,8	1,9	1,8	3,6	0,6	0,12	0,9	1,3
10. Sohl VI	25,9	253,0	16,9	15,1	36,3	2,0	0,16	4,3	4,0
11. Raun—Waldquelle	28,5	239,0	18,2	41,1	69,4	6,5	0,80	3,6	3,9
12. Doubrava	16,7	57,3	12,1	1,3	1,6	0,7	0,05	2,7	1,3
13. Smrčina I	35,5	132,6	5,8	10,7	14,4	1,4	0,16	2,5	1,7
14. Rauner Grund	56,6	286,6	16,5	22,9	38,7	3,0	0,29	2,7	1,9
15. Dolní Paseky	14,4	78,2	6,2	1,6	1,8	0,3	0,08	1,1	2,8
16. Oberbrambach I	122,6	648,7	64,7	16,5	27,2	3,2	0,68	8,5	20,1
17. Oberbrambach II	92,3	421,5	5,0	107,4	218,8	4,0	1,41	6,0	8,0
18. Oberbrambach III	249,5	1234,1	81,7	64,0	149,7	5,0	1,60	53,5	44,5
19. Plesná I	556,2	2994,5	216,5	118,8	150,9	18,6	1,73	17,3	7,4
20. Smrčina II	235,1	2152,1	109,3	68,6	93,4	13,7	0,77	9,1	5,7
21. Lomnička I	851,8	8676,5	95,8	89,4	142,1	29,3	1,54	22,9	9,6
22. Lomnička II	1038,4	5762,7	200,4	202,9	273,1	37,6	1,88	20,0	10,0
23. Lomnička III	610,7	2936,0	130,9	61,8	102,7	26,2	1,07	10,7	8,4
24. Bad Brambach I	36,0	76,9	19,7	4,2	5,7	1,3	0,12	5,6	3,7
25. Bad Brambach II	44,4	74,1	20,4	4,5	6,0	2,2	0,08	5,9	4,2
26. Bad Brambach III	39,5	64,3	19,8	3,7	5,3	1,6	0,11	4,7	4,5
27. Bad Brambach IV	165,7	1325,7	120,0	8,0	21,7	6,9	0,57	17,7	21,1
28. Plesná II	423,2	3449,8	80,2	70,9	115,6	28,7	0,49	13,6	18,5
29. Plesná III	308,9	2287,5	178,7	68,8	107,2	29,1	1,17	10,4	17,0
30. Plesná IV	286,1	4257,5	58,0	39,2	58,6	7,9	0,21	7,5	10,7
31. Kopanina	388,8	2825,8	137,7	60,3	82,6	11,8	0,79	12,5	15,1
32. Horka	221,6	823,6	95,9	115,1	135,0	13,6	1,26	10,9	13,9
33. Mostek	467,1	2657,6	211,3	248,0	86,7	32,3	1,11	10,0	12,2
34. Schönberg	10,3	25,4	7,9	2,4	5,5	1,2	0,10	1,8	2,3
35. Zelená	17,9	52,2	25,6	8,1	9,9	5,0	0,22	1,7	2,0
36. Děvin I	194,4	522,6	113,8	105,5	33,1	12,8	1,21	26,5	6,1
37. Děvin II	384,1	1379,6	258,7	155,2	27,4	26,7	1,96	46,3	5,5
38. Děvin III	311,4	934,3	133,5	157,9	29,7	14,8	0,89	55,1	4,5
39. Soos I	242,7	1131,5	151,5	96,3	29,9	25,2	0,80	17,5	6,2
40. Soos II	154,9	381,0	78,6	59,5	15,9	22,3	0,95	14,1	5,2
41. Soos III	15,7	30,5	3,1	4,5	5,9	0,5	0,05	1,8	3,0
42. Povodí	21,6	59,5	24,2	9,4	12,1	1,7	0,05	2,6	8,0
43. Hartoušov	161,9	937,8	117,6	111,1	55,5	13,1	0,98	13,7	2,6
44. Hněvin	15,7	61,1	14,2	4,6	8,4	1,3	0,06	2,1	5,3

bzw. aus stärker mineralisierten Wässern mit Zinkon (2-Carboxy-2'-hydroxy-5-sulfoformazyl-benzen) nach Abtrennung und Anreicherung durch Extraktion mit Na-diethyl-dithiocarbamat in Chloroform nach SADILKOVA,

Blei: als Blei-dithizonat nach gemeinsamer Extraktion und Anreicherung mit Kupfer und Zink und Maskierung der störenden Elemente (IWANTSCHEFF; HÖLL)

Cobalt: aus dem Mineralwasserkonzentrat nach Pufferung und Maskierung des Fe(III) mit Natriumcitrat durch Komplexbildung mit 2-Nitroso-1-naphthol und Extraktion des Cobaltkomplexes mit Chloroform in Anlehnung an die Analysenvorschrift von CLAASEN und DAAMEN; SANDELL.

Nickel: als Nickel-diacetyldioxim-Komplex aus dem Mineralwasserkonzentrat nach Oxydation von Fe(II) zu Fe(III), Pufferung mit Citronensäure und Reaktion des Nickels mit Diacetyldioxim und Kaliumsulfat im alkalischen Milieu nach OELSCHLÄGER,

Molybdän: bei geringerem Salzgehalt des Mineralwassers (5 g gelöste feste Stoffe pro kg) in Anlehnung an die von TROBISCH und SCHILLING modifizierte Thiocyanat-$SnCl_2$-Methode durch Photometrieren des gelben Fe(II)(MoO $(SCN)_5$)-Komplexes nach Extraktion mit CCl_4-Isoamylalkohol-Gemisch,
bei höherem Salzgehalt nach Abtrennung und Anreicherung des Molybdäns als Molybdän-Kupferron-Komplex mit Chloroform und anschließende photometrische Bestimmung als grüner Molybdän-Dithiol-Komplex nach Extraktion mit n-Butylacetat (SCHARRER und EBERHARDT)

Vanadium: nach Anreicherung des Vanadiums aus 5–20 l Mineralwasser durch Adsorptionsfällung mit $Fe(OH)_3$, Sodaaufschluß des Niederschlages, Abtrennung des Vanadats mit Oxin und photometrische Bestimmung mit Phosphorwolframsäure in Anlehnung an ein Verfahren von SUGAWARA et al.; SANDELL;
bzw. Anreicherung des Vanadiums an stark sauerem Kationenaustauscherharz, Elution mit H_2O_2 als Peroxokomplex und photometrische Bestimmung mit Xylenolorange nach NEVORAL und OKÁČ,

Silber: als Silber-diethyldithiocarbamat durch Komplexverdrängungsreaktion mit Kupfer-diethyldithiocarbamat (FISCHER und LEOPOLDI; SANDELL),

Beryllium: nach Abtrennung von störenden Ionen durch Säulenchromatographie an Kieselgel durch spektrofluorimetrische Messung des Berylliums als Morin-Komplex nach ŠULCEK et al.

4. Diskussion der Ergebnisse

4.1. Beziehungen zum geologischen Bau

Die untersuchten 44 Quellen entstammen 4 verschiedenen Gesteinstypen, die vom Norden nach Süden vom Phyllit, über Glimmerschiefer und Granit in das Tertiärgebiet des Cheb-Beckens übergehen. Dieses Tertiärgebiet ist aufgrund der Verschiedenheit der Untersuchungsergebnisse in Chemismus und Konzentration noch zu teilen in den Bereich mit seichter Bildungszone der Mineralquellen, also Tertiär-Ost und dem mit tieferer Bildungszone, also Tertiär-West. Aus dem Phyllit treten die Quellen 1 bis 13 aus, aus dem Glimmerschiefer die Quellen 14 bis 23 und 28 bis 32 und aus dem Granit 24 bis 27 und 34. Zum Gebiet Tertiär-Ost gehören 33 und 36 bis 40 und 43 und zum Gebiet Tertiär-West gehören 35, 41, 42 und 44.

Bei der Durchsicht der Analysenergebnisse und der Berechnung von Durchschnittswerten ergab es sich, daß einzelne Quellen nicht zum großen Teil der anderen Quellen eines Gesteinstypes paßten. Sie wurden deshalb bei der Berechnung der Durchschnittswerte ausgelassen. Es sind dies im einzelnen: (1) Hranice, (11) Waldquelle Raun und (13) Smrčina I beim Phyllit, (15) Dolní Paseky beim Glimmerschiefer und (27) Bad Brambach, Wiesenquelle sowie (34) Schönberg beim Granit.

Von diesen Wässern ist die Quelle in Hranice kein Mineralwasser im Sinne der Kurortverordnung. Sie wurde wahrscheinlich durch das Zusetzen starker Süßwasseranteile verwässert, obwohl CO_2-Gasaustritte beim Freilegen deutlich feststellbar waren. Die Waldquelle Raun und die Quelle Smrčina I passen in Konzentration und Zusammensetzung nicht zu den Phyllitwässern. Die Quelle in Dolní Paseky paßt sowohl im Chemismus als auch in Konzentration eher zu den Phyllitwässern als zum Bereich des Glimmerschiefers. Die Wiesenquelle Bad Brambach ist zwar aufgrund des Radon-Gehaltes ein Mineralwasser, jedoch scheint das Wasser sonst mit Süßwasser verdünnt zu sein und entspricht nicht den bekannten Granitwässern von Bad Brambach. Ebenso ist es mit dem Säuerling von Schönberg. Hierbei erhebt sich gleich die Frage, ob vielleicht das Wasser von Schönberg das typische Granitwasser sein könnte, da die Brambacher Wässer nahe der Kontaktzone zum Gneis hervortreten, während das Schönberger Wasser mitten im Granitmassiv entspringt. Dieser Annahme widerspricht jedoch die Konzentration und der Chemismus der beiden Tiefbohrungen von Bad Brambach, obere und untere Grenzquelle. Beide Brunnen, die hier als gepumpte Brunnen nicht mit behandelt sind, stehen im Granit und gleichen in Konzentration und Chemismus den artesischen Wässern von Bad Brambach. Es widerspricht dieser Annahme auch die in Chemismus und Konzentration vollkommen andere Art der Wässer, die nahe dem Gneis im Glimmerschiefer entspringen (18, 28, 29).

Um nun die Wässer aus den einzelnen Gesteinstypen vergleichen zu können, sind die Durchschnittswerte hierfür aus den Einzelanalysen sämtlicher zugehöriger Quellen berechnet worden. In der Tabelle 5 sind zunächst einige physikalische Werte angegeben. Bekanntlich ändert sich der Chemismus des Grundwassers mit der Tiefe der Herkunft

Tabelle 5

Vergleich der Wässer der Gesteinsarten in einigen physikalischen Werten

	Phyllit	Glimmerschiefer	Granit	Tertiär-Ost	Tertiär-West
Charakteristik	$Na-SO_4-Cl-HCO_3$	$Ca-Na-HCO_3$	$Na-Ca-HCO_3-SO_4$	$Ca-Mg-HCO_3$	$Na-HCO_3-SO_4$
Temperatur in °C	9,46	8,72	7,29	8,75	11,4
p_H-Wert	5,82	5,21	5,86	5,06	6,08
Radioaktivität	4,70	2,26	927,0	1,07	0,98

desselben. In dem untersuchten Gebiet ändert er sich von Oberflächennähe bis zur Tiefe:

$$\begin{array}{ccccccc} Ca & & Ca - Na & & Na & & Na \\ | & \rightarrow & | & \rightarrow & | & \rightarrow & | \\ HCO_3 & & HCO_3 & & HCO_3 & & SO_4 \\ & & & & | & & \\ & & & & SO_4 & & \end{array}$$

Danach handelt es sich beim Natriumsulfatwasser um Aufstiegswasser aus der Tiefe. Wenn wir damit die Charakteristiken der 5 Wassertypen vergleichen, so stellen wir fest, daß die Wässer aus den Gebieten Glimmerschiefer und Tertiär-Ost sehr oberflächennahe Wässer sind, während die drei anderen aus den tieferen Regionen stammen. Hierbei kommt demnach das Phyllitwasser aus der tiefsten Zone.

In der Temperatur sind ebenfalls größere Unterschiede festzustellen. Wenn man berücksichtigt, daß die Jahresdurchschnittstemperatur hier bei rund 8 °C liegt und größere Tiefe der Herkunft eine höhere Temperatur bedeutet, so liegen Glimmerschiefer und Tertiär-Ost-Wasser nur knapp über der Durchschnittstemperatur. Phyllitwässer liegen etwas höher und Tertiär-West-Wässer beträchtlich darüber. Diese Werte gehen mit der Herkunftsmöglichkeit nach der Charakteristik etwa parallel. Eine Ausnahme stellt hier die Temperatur des Granitwassers dar, die aus unbekanntem Grunde extrem niedrig ist.

Der p_H-Wert ist sehr unterschiedlich. Er liegt bei Phyllit, Granit und Tertiär-West eindeutig höher als bei Glimmerschiefer und Tertiär Ost. Diese unterschiedlichen p_H-Werte sind eine Folge des CO_2-Gehaltes und der Menge an gelösten festen Stoffen. Aufgrund unserer Untersuchungsergebnisse ist für die in diesem Gebiet gefundenen Quellen festzustellen, daß ein hoher CO_2-Gehalt, begleitet von einem niedrigen Gehalt an gelösten festen Stoffen, einen niedrigen p_H-Wert zur Folge hat. Man kann sagen, daß bei CO_2-Gehalten über 1.500 mg/kg und gelösten festen Stoffen unter 1.000 mg/kg der p_H-Wert des Wassers dann bis zu 5,2 beträgt.

Bei der Radioaktivität liegen die Verhältnisse ziemlich klar. Die Granitwässer besitzen durch die Kontaktzone aufgeprägt einen hohen Gehalt an Radon. Demgegenüber bewegen sich die anderen Wässer in der Radioaktivität knapp über Null und zeigen auch keine wesentlichen Unterschiede untereinander. Man muß also die Radioaktivität lediglich als besonderes Kriterium der Granitwässer hervorheben. Die Durchschnittswerte der Inhaltsstoffe in mg/kg für die 5 Gesteinsarten sind in der Tabelle 6 zusammengestellt. Wir erkennen hier insgesamt eine Ähnlichkeit zwischen den Wässern von Glimmerschiefer und Tertiär-Ost sowie zwischen denen von Phyllit, Granit und Tertiär-West. Besonders interessant und spezifisch für bestimmte Herkünfte sind z. B. die sehr hohen Kaliumgehalte für Tertiär-West. Ebenso bemerkenswert sind die sehr hohen Natriumgehalte für Tertiär-West und Phyllit und die sehr niedrigen für Tertiär-Ost. Im Lithiumgehalt differieren die Wässer dieser Herkunftsgebiete ebenfalls. Beim Calciumgehalt ist es die große Ähnlichkeit zwischen Tertiär-West und Granit, die besonders ins Auge fällt. Bei Eisen und Mangan ist eine große Differenz zwischen den Wässern aus Tertiär-Ost und Tertiär-West zu erkennen. Schließlich sei noch auf den sehr hohen Kieselsäuregehalt der Wässer vom Gebiet Tertiär-West als typisch für dieses Gebiet hingewiesen.

Tabelle 6

Vergleich der Wässer der Gesteine in den Inhaltsstoffen ausgedrückt in mg/kg

	Phyllit	Glimmer-schiefer	Granit	Tertiär-Ost	Tertiär-West
K^+	17,8	3,10	8,97	4,03	70,20
Na^+	588,0	27,4	193,0	13,13	687,1
Li^+	1,32	0,378	0,80	0,060	1,703
Ca^{2+}	44,0	17,75	137,0	18,3	139,6
Mg^{2+}	30,6	9,04	26,5	11,8	37,87
Fe^{2+}	14,65	18,6	9,87	6,44	28,46
Mn^{2+}	0,505	0,48	0,41	0,136	2,445
Cl^-	390,0	15,3	77,8	7,97	216,3
SO_4^{2-}	601,0	32,1	223,0	35,5	777,2
HCO_3^-	510,0	152,3	706,0	112,7	1.228,–
H_2SiO_3	39,9	58,8	47,1	28,1	109,5
CO_2	1.543,–	1.935,–	2.624,–	1.894,–	2.079,–
Gelöste feste Stoffe	2.338,–	335,0	1.430,–	238,0	3.298,–

Die Abbildungen 6 bis 8 zeigen die Darstellungen der Durchschnittsanalysenwerte nach UDLUFT. Hierbei fällt zunächst die Ähnlichkeit von Wässern des Glimmerschiefers und des Tertiär-Ost-Gebietes sowie die vom Phyllit- und Tertiär-West-Gebiet ins Auge. Bei den beiden ersteren ist die große Ähnlichkeit der Gesamtkonzentration sowie der Gehalte an Natrium, Calcium und Hydrogencarbonat bemerkenswert. Bei den beiden letzteren sind die Gehalte an Natrium, Calcium, Magnesium und Sulfat sehr ähnlich. Das Granitwasser zeigt demgegenüber höhere Calcium- und Hydrogencarbonat-Anteile als die geringkonzentrierten Wässer von Glimmerschiefer und Tertiär-Ost. In der Gesamtkonzentration liegen die Granitwässer zwischen den dünnen Wässern von Glimmerschiefer und Tertiär-Ost und den konzentrierteren Wässern von Phyllit und Tertiär-West, neigen jedoch mehr zu letzteren.

Die Tabelle 7 enthält die Durchschnittswerte der Analysenergebnisse in Prozent der gelösten festen Stoffe. Von diesem Standpunkt aus sehen die Relationen der Inhaltsstoffe der 5 Wassertypen wesentlich anders aus als bei Angaben der Konzentrationen in mg/kg. Natürlich ist auch hier bezüglich vieler Inhaltsstoffe eine Ähnlichkeit der Wässer aus Glimmerschiefer und Tertiär-Ost zu erkennen. Die anderen 3 Arten treten jedoch in der Verwandtschaft nicht so in Erscheinung. Bei Kalium fällt zunächst der höhere Gehalt in den Wässern der beiden Tertiärgebiete auf. Bei Natrium dagegen sind die Gehalte im Glimmerschiefer- und Tertiär-Ost-Wasser wesentlich geringer als in den anderen Gesteinen. Beim Lithium ist der Gehalt im Tertiär-Ost-Wasser wesentlich

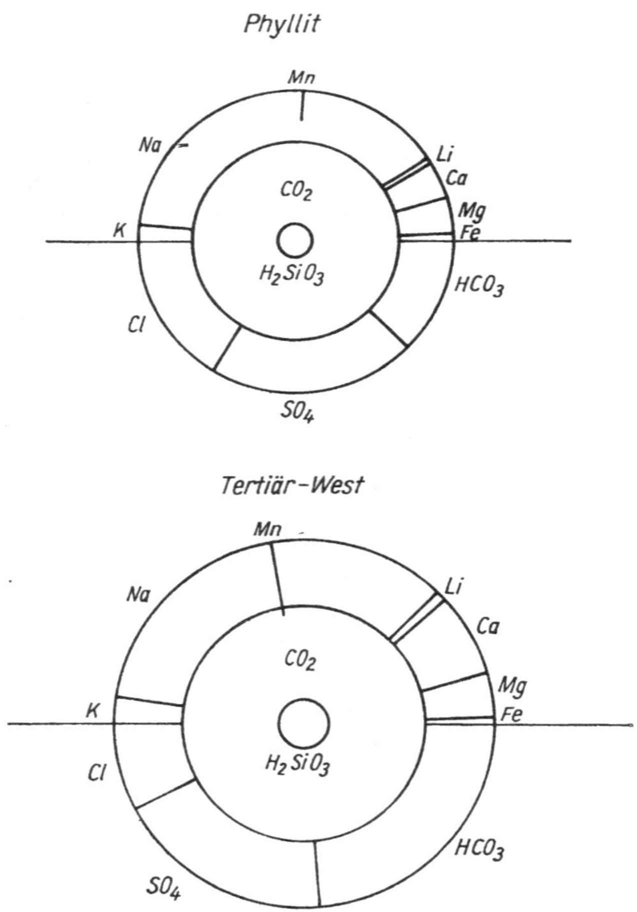

Abb. 6. Grafische Darstellung der Mineralwasseranalysen nach UDLUFT von Phyllit und Tertiär-West

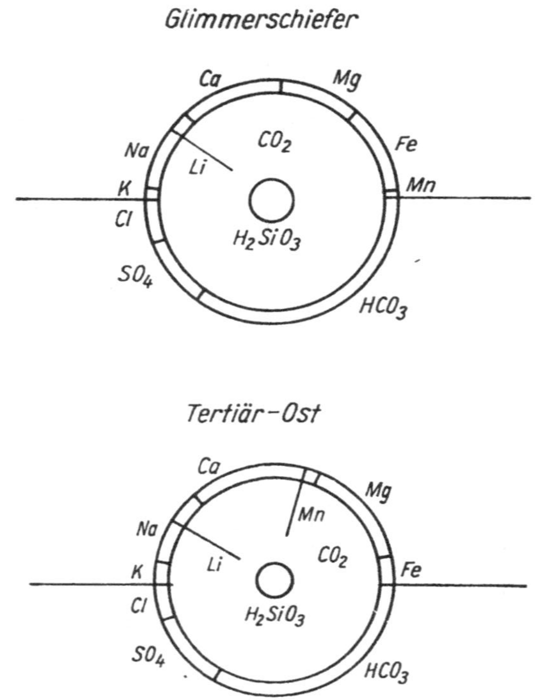

Abb. 7. Grafische Darstellung der Mineralwasseranalysen nach UDLUFT von Glimmerschiefer und Tertiär-Ost

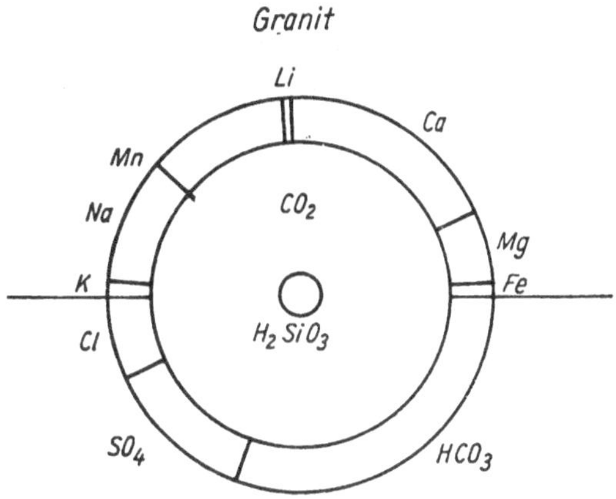

Abb. 8. Grafische Darstellung der Mineralwasseranalysen nach UDLUFT von Granit

Tabelle 7

Vergleich der Wässer der Gesteine in den Inhaltsstoffen, ausgedrückt in Prozent von den gelösten festen Stoffen

	Phyllit	Glimmer-schiefer	Granit	Tertiär-Ost	Tertiär-West
K^+	0,76	0,925	0,63	1,69	2,13
Na^+	25,1	8,18	13,5	5,52	20,8
Li^+	0,056	0,113	0,056	0,025	0,052
Ca^{2+}	1,88	5,30	9,58	7,69	4,23
Mg^{2+}	1,31	2,70	1,85	4,96	1,15
Fe^{2+}	0,627	5,55	0,69	2,57	0,86
Mn^{2+}	0,022	0,143	0,029	0,057	0,074
Cl^-	16,7	4,57	5,44	3,35	6,56
SO_4^{2-}	25,7	9,58	15,6	14,9	23,6
HCO_3^-	21,8	45,5	49,4	47,4	37,2
H_2SiO_3	1,71	17,6	3,29	11,8	3,32
CO_2	66,0	578,0	177,0	796,0	63,0

höher als bei den anderen Wässern. Der Eisengehalt liegt bei Glimmerschiefer- und Tertiär-Ost-Wässern bedeutend höher. Beim Mangangehalt sind es die Wässer des Glimmerschiefers, die am höchsten liegen. Da diese auch den höchsten Eisengehalt besitzen, liegt bei der Verwandtschaft Eisen—Mangan dieser hohe Mangangehalt nahe.

Der Chloridgehalt ist bei den Phyllitwässern hoch, während die anderen Wässer nahe beieinander liegende Chloridwerte aufweisen. Bei Sulfat liegen die Granit- und Tertiär-Ost-Wässer in gleicher Höhe, Phyllit- und Tertiär-West-Wässer sind besonders hoch und das Glimmerschieferwasser besonders niedrig im Sulfatgehalt. Im Hydrogencarbonat ist das Phyllitwasser besonders niedrig, da es bei Chlorid und Sulfat hoch war. Der Kieselsäuregehalt ist bei Glimmerschiefer- und Tertiär-Ost-Wässern auffällig hoch, während die anderen Wässer sich darin wenig unterscheiden. Die Gehalte an Kohlendioxid sind bei Glimmerschiefer- und Tertiär-Ost-Wässern hoch durch die sehr geringen Gehalte an gelösten festen Stoffen und bei Phyllit- und Tertiär-West-Wässern bedingt durch die höhere Mineralisation sehr niedrig.

Tabelle 8

Vergleich der Wässer der Gesteine in den Inhaltsstoffen, ausgedrückt im mval-%

	Phyllit	Glimmer-schiefer	Granit	Tertiär-Ost	Tertiär-West
K^+	1,38	3,05	1,25	4,17	4,2
Na^+	78,6	23,8	45,4	24,2	70,1
Li^+	0,56	0,29	0,63	0,36	0,6
Ca^{2+}	8,0	27,2	36,8	32,7	15,2
Mg^{2+}	9,0	20,5	11,7	28,9	7,3
Fe^{2+}	1,7	25,8	2,0	8,8	2,4
Mn^{2+}	0,08	0,59	0,08	0,30	0,2
Cl^-	33,0	9,2	12,1	8,9	14,4
SO_4^{2-}	37,6	20,5	25,3	24,4	38,2
HCO_3^-	29,3	70,9	62,3	66,7	47,4

In Tabelle 8 erfolgt die Angabe der Inhaltsstoffe in Millivalprozent. Hierbei fallen die ziemlich niedrigen Kaliumgehalte der Phyllit- und Granitwässer auf und die Ähnlichkeit der Tertiär-West- und Phyllitwässer in der Summe von Natrium und Calcium. Die Summe von Natrium und Calcium liegt bei den Granitwässern gleichfalls bei diesem Wert, obwohl die Einzelwerte keine Ähnlichkeit aufweisen. Der Magnesiumgehalt liegt bei Glimmerschiefer- und Tertiär-Ost-Wässern ähnlich hoch. Die Gehalte an Eisen und Mangan sind bei den Glimmerschieferwässern deutlich gegenüber den Gehalten in den anderen Wassertypen erhöht. Im Chlorid- und Sulfatgehalt liegt das Phyllitwasser hoch und dementsprechend im Hydrogencarbonatanteil sehr niedrig. Insgesamt ergibt sich ein ähnliches Bild wie bei den Abbildungen 6, 7 und 8, was ja auch durch die Darstellungsmethode erklärlich ist.

Wenden wir uns nun den Spurenstoffgehalten zu. Tabelle 9 und Abbildung 9 geben die Spurenelemente in $\mu g/kg$ Mineralwasser als Durchschnittswerte an, getrennt nach der Herkunft der Wässer aus den betreffenden Gesteinsarten. Summarisch läßt sich bezüglich der Spurenelementgehalte zunächst eine Ähnlichkeit zwischen den Wässern von Tertiär-Ost und Tertiär-West sowie zwischen Phyllit und Granit feststellen, während die Wässer aus dem Glimmerschiefer sich aufgrund eines sehr hohen Zinkgehaltes abheben. Im einzelnen liegen die Werte bei den Glimmerschieferwässern bei den Gehalten an Kupfer, Zink und Nickel am höchsten. Für die Wässer aus dem Tertiär-Ost liegen die Werte für Cobalt und Molybdän am höchsten. Die höchsten Werte für Silber wurden in Granitwässern und die für Blei und Beryllium in den Wässern des Tertiär-West-Gebietes gefunden.

Tabelle 9

Spurenelemente in μg/kg Mineralwasser in Mittelwerten mit Streuung

	Phyllit	Glimmer-schiefer	Granit	Tertiär-Ost	Tertiär-West
Kupfer	44,68	92,16	56,67	53,93	55,60
	± 19,70	± 50,73	± 10,98	± 10,36	± 24,20
Zink	114,00	718,5	102,3	208,85	153,0
	± 64,95	± 708,5	± 19,34	± 70,19	± 57,6
Blei	16,87	26,98	28,67	31,79	43,71
	± 8,95	± 13,92	± 6,89	± 9,77	± 10,80
Cobalt	7,28	19,11	5,87	25,19	18,90
	± 3,27	± 7,05	±0,87	± 5,55	± 7,90
Nickel	15,18	28,17	8,10	8,23	26,60
	± 7,02	± 8,63	± 1,47	± 4,55	± 6,90
Molybdän	2,25	4,02	2,40	4,71	4,98
	± 0,098	± 2,32	± 0,50	± 2,71	± 2,93
Vanadin	0,272	0,263	0,153	0,253	0,250
	± 0,097	± 0,105	± 0,051	± 0,117	± 0,120
Silber	4,33	3,80	7,67	5,36	6,80
	± 2,22	± 2,63	± 1,10	± 2,43	± 2,90
Beryllium	3,50	4,06	6,00	1,29	14,00
	± 1,21	± 3,41	± 1,80	± 0,64	± 7,90

Beim Beryllium muß noch festgestellt werden, daß dieses Spurenelement ein typischer Vertreter des Granites ist und deshalb den Aufstieg des Mineralwassers der Kaiserquelle, wo der Berylliumgehalt besonders hoch ist, aus den tieferen Regionen nachweist. Natürlich liegen die Werte für Granitwässer allgemein aus diesem Grunde ebenfalls etwas höher als die der anderen Wässer mit Ausnahme von Tertiär-West-Wässern.

Die relativ hohen Bleiwerte der Tertiär-West-Quellen finden sich in einigen Quellen von Plesná, Děvin und im Phyllitgebiet wieder. Das Gebiet Plesná, Smrčina und Lomnička zeigt besonders hohe Zinkgehalte, die sicher mit einer Anreicherung des Elementes zusammenhängen. Ein ähnliches Bild ergibt sich auch aus dem Kupfergehalt. Das Molybdän zeigt sich in beiden Tertiärgebieten sowie im Glimmerschiefer besonders hoch.

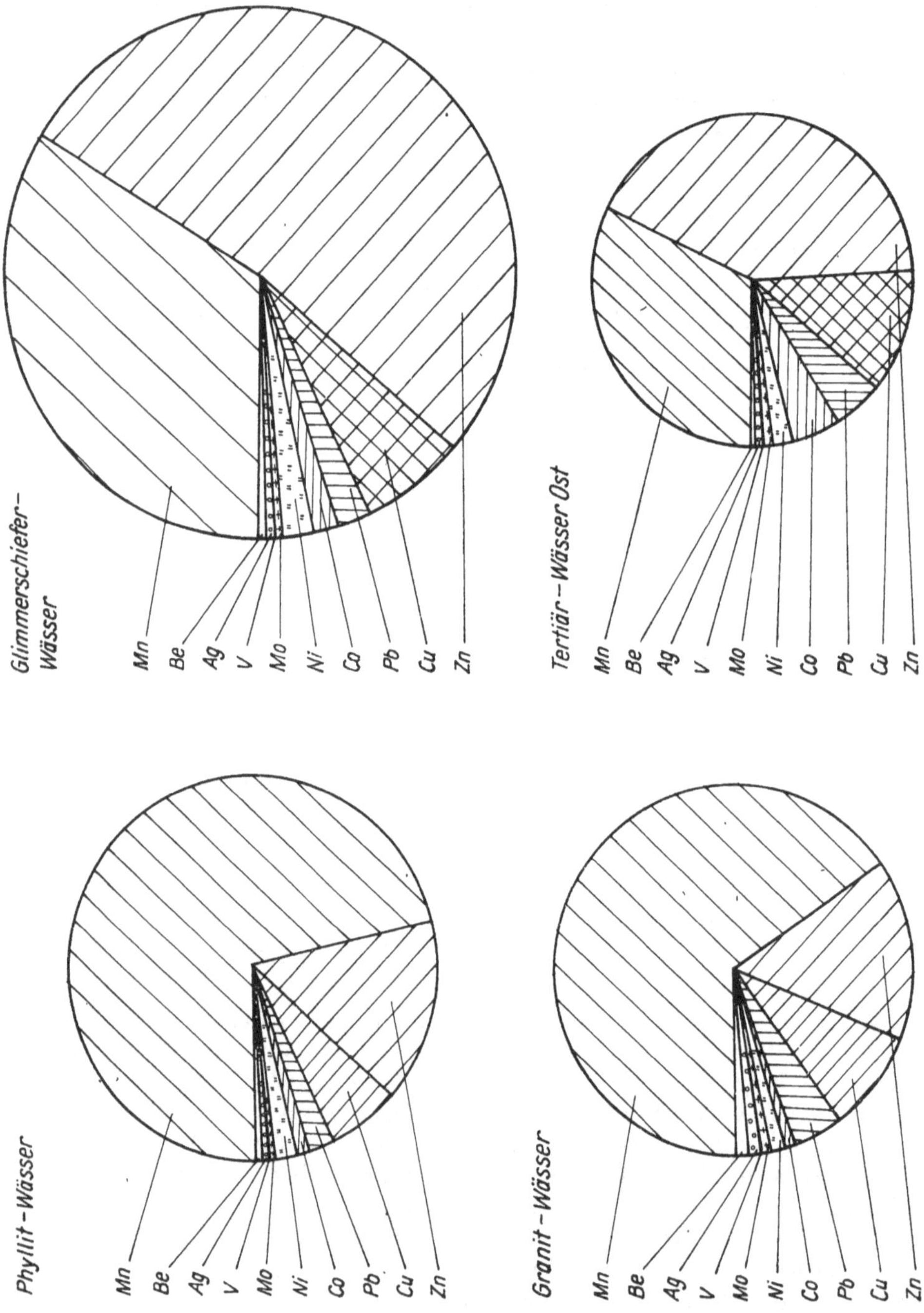

Abb. 9. Spurenelementdarstellung in µg/kg

Gibt man auch bei den Spurenelementen den Gehalt in ppm der gelösten festen Stoffe der untersuchten Wässer an, wie in Tabelle 10 aufgeführt, so ist ganz deutlich eine große Ähnlichkeit der Wässer aus Glimmerschiefer und Tertiär-Ost sowie zwischen Phyllit, Granit und Tertiär-West zu erkennen (Tabelle 10 und Abbildung 10). Besonders hervorzuheben sind die beachtlich hohen Zinkgehalte des Glimmerschiefers wie auch die hohen Kupfer-, Nickel- und Berylliumgehalte aus diesem Gebiet, die wesentlich höher liegen als die in den Wässern der anderen Gesteinsarten. Im Vergleich zu den anderen Typen ist auch in den Tertiär-Ost-Wässern Blei, Molybdän und Silber als sehr hoch zu bezeichnen. Die niedrigsten Spurenelement-Gehalte überhaupt liegen in den Gewässern der Gebiete Phyllit und Tertiär-West vor. Nur wenig darüber folgen die Wässer des Granitgebietes. Daraus geht eindeutig hervor, daß man in den höher mineralisierten Wässern keinesfalls auch entsprechend hohe Gehalte an Spurenelementen erwarten kann. MIHOLIC kam bei den spurenanalytischen Untersuchungen kroatischer Heilquellen zu der Erkenntnis, daß der Gehalt an Schwermetallen unabhängig ist von der Mineralisation der Wässer.

Wenn wir berücksichtigen, daß vor allem in den Gebieten des Glimmerschiefers und des Tertiär-Ost viele Mineralquellen schlecht gefaßt wurden und ungenutzt blieben, so sind zumindest die oberen Schichten nach dem Austritt des mit CO_2 imprägnierten Zirkulationswassers aus dem Fels mit den vorhandenen Bodenschichten identisch. Aus

Tabelle 10

Spurenelemente in ppm der gelösten festen Stoffe in Mittelwerten mit Streuung

	Phyllit	Glimmer-schiefer	Granit	Tertiär-Ost	Tertiär-West
Kupfer	21,20	388,7	39,70	279,2	17,70
	± 7,91	± 287,2	± 4,22	± 113,1	± 2,80
Zink	64,97	2768,4	71,77	1134,9	50,81
	± 69,95	± 2312,5	± 6,62	± 742,8	± 14,11
Blei	16,87	26,98	28,67	31,79	16,82
	± 8,95	± 13,92	± 6,89	± 9,77	± 10,50
Cobalt	4,48	79,04	4,14	133,40	6,70
	± 4,42	± 47,17	± 0,40	± 60,94	± 2,51
Nickel	9,22	121,10	5,68	39,75	9,10
	± 9,71	± 66,40	± 0,37	± 23,85	± 2,60
Molybdän	1,104	16,55	1,72	21,00	2,10
	± 0,502	± 11,67	± 0,47	± 7,60	± 1,98
Vanadin	0,12	1,063	0,104	1,130	0,095
	± 0,039	± 0,537	± 0,018	± 0,391	± 0,083
Silber	2,14	14,69	5,41	26,27	2,05
	± 1,01	± 12,42	± 0,61	± 17,83	± 0,40
Beryllium	1,79	13,62	4,14	6,04	4,60
	± 1,00	± 8,79	± 0,39	± 2,99	± 2,70

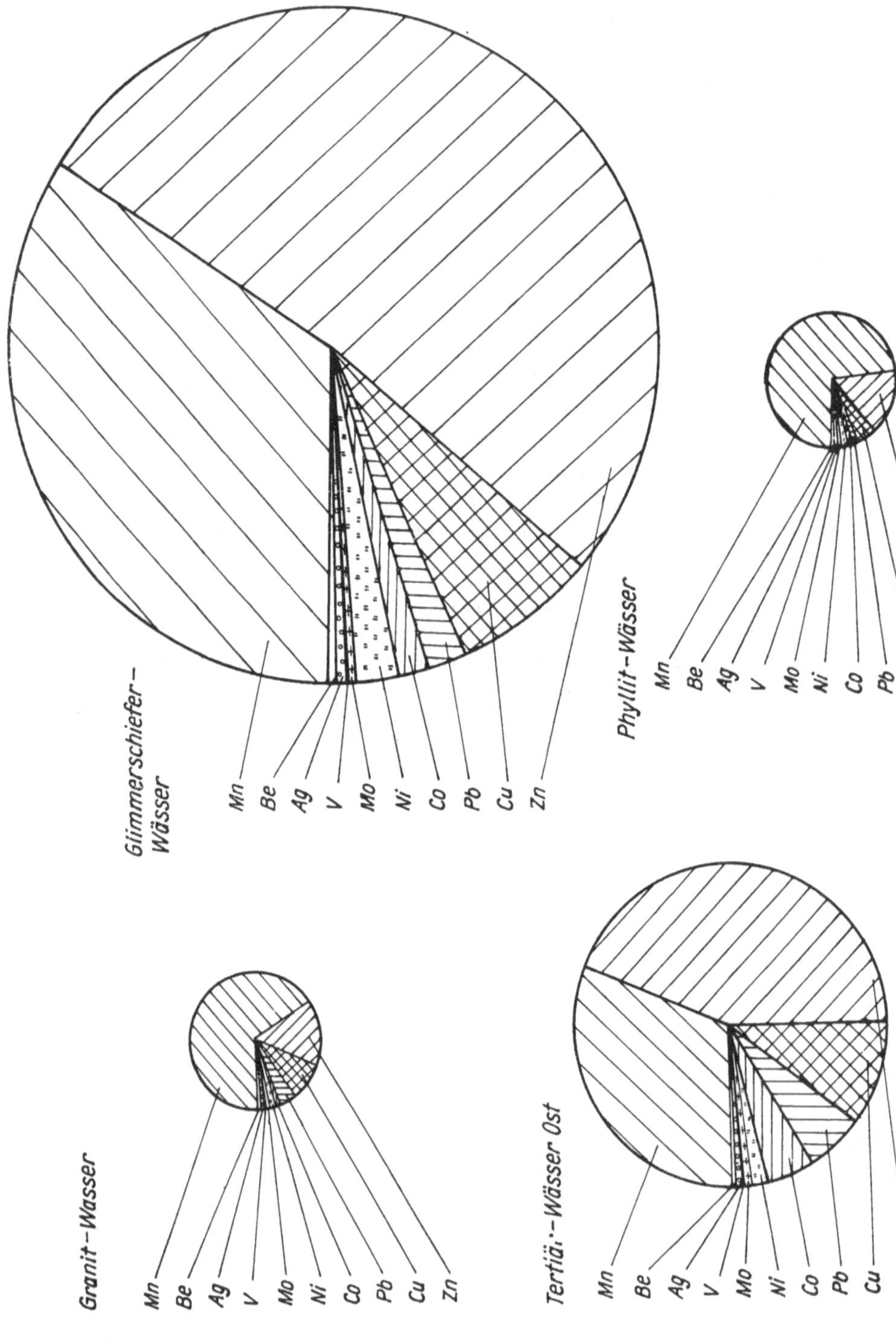

Abb. 10. Spurenelementdarstellung in ppm

diesen Schichten nun, die aus tonig-kalkigen oder anmoorigen Böden oder austauschfähigen Kluftbelägen in den Gesteinen bestehen, nehmen die Wässer sicher neben einem Teil der makrochemischen Bestandteile auch Spurenelemente auf. Gerade diese Wässer besitzen, wie bereits dargelegt, aufgrund der geringen Konzentration und des hohen CO_2-Gehaltes einen niedrigen p_H-Wert. Dieser niedrige p_H-Wert ist es nun, der eine vermehrte Freisetzung von Übergangsmetallen aus den vorwiegend chelatartigen Bindungen ermöglicht. Außerdem ist bei dem niedrigen p_H-Wert eine größere Stabilität von Anionenkomplexen gegeben, die benötigt wird, um Übergangsmetalle aus austauschfähigen Kluftbelägen herauszulösen. Unter Berücksichtigung dieser Umstände stimmen wir der Ansicht von Miholic zu. Es ist noch bemerkenswert, daß bei den Wässern vom Tertiär-Ost das Verhältnis Cobalt zu Nickel etwa 3,4 beträgt und damit im Gegensatz zu den anderen Wässern steht, wo überall der Nickelgehalt über dem Cobaltgehalt liegt. Beim Durchtritt des Wassers durch die oberflächigen Böden muß also das Wasser im Tertiär-Ost-Gebiet diese hohen Cobaltgehalte aufnehmen.

Da sich die Hauptaufgabe dieser Arbeit mit chemischen Folgen von geologischen Bedingungen befaßt, waren natürlich besonders geochemische Verhältniszahlen über die erhaltenen Untersuchungsergebnisse der 5 Gesteinstypen interessant. Diese Zahlen sind in der Tabelle 11 angeführt. Es sind bewußt hierbei nicht alle analytischen Werte in bestimmte Verhältnisse gesetzt worden; wir haben uns auf die Angaben beschränkt, die hauptsächlich für die Problematik interessant sind. Beim Betrachten der Angaben fällt zunächst der sehr hohe Wert des Natrium-Kalium-Verhältnisses beim Phyllit auf. Dieser Wert kann als typisch für die Phyllitwässer betrachtet werden. Zwar liegen die Werte für Granit- und Tertiär-West-Wässer auch etwas höher als die niedrigen Werte von Glimmerschiefer- und Tertiär-Ost-Wässern, jedoch sind lediglich die großen Ähnlichkeiten der beiden eben genannten Gruppen festzustellen, da sie im einzelnen nicht genug differieren. Beim Phyllit macht sich auf jeden Fall der hohe Natriumgehalt bemerkbar. Dieser ist ebenso ausschlaggebend für den hohen Wert beim Verhältnis Natrium und Kalium zu Lithium. Hier ist es im wesentlichen auch der Phyllit mit einem hohen Wert, der sich lediglich mit dem Wert für Tertiär-West-Wasser etwas überschneidet. Die Streuungen der anderen Typen überschneiden sich zu stark, um spezielle Eigenschaften zu charakterisieren. Das Verhältnis Kalium zu Lithium gibt hauptsächlich die Ähnlichkeit von Glimmerschiefer- und Tertiär-Ost-Wässern mit hohen Zahlen sowie von Phyllit- und Granit-Wässern mit tieferen Werten an. Der Wert für Tertiär-West-Wässer liegt etwa in der Mitte zwischen den beiden Extremen. Dieser jedoch ist als typisch für die Wässer des Gebietes Tertiär-West zu betrachten. Beim Verhältnis Calcium zu Magnesium ist ebenfalls die Ähnlichkeit von Glimmerschiefer- und Tertiär-Ost-Wässern hervorzuheben und zum anderen diejenige von Granit- und Tertiär-West-Wässern. Die Zahl für Phyllit-Wässer liegt aufgrund des niedrigen Calciumgehaltes unter den anderen Werten. Insgesamt sind die Werte nicht unterschiedlich genug und die Streuungen zu hoch, um eine spezielle Eigenschaft ableiten zu können.

Das Verhältnis der Alkalien zu den Erdalkalien, also von Natrium, Kalium und Lithium zu Calcium und Magnesium tritt besonders bei den Phyllit-Wässern mit seinen hohen Natrium- und niedrigen Calciumgehalten hervor. Dies ist als typisch für Phyllit-Wässer anzusehen, obwohl auch für Tertiär-West ein relativ hoher Wert gefunden wurde. Dieser besitzt jedoch eine recht hohe Streuung. Die übrigen drei Werte sind sich recht ähnlich. Hierbei tritt bei den recht niedrigen Werten der hohe Calciumgehalt des Granitgebietes in Erscheinung. Bei den Verhältniszahlen der Anionen wirken sich die

Tabelle 11

Vergleich in geochemischen Verhältniszahlen

	Phyllit	Glimmerschiefer	Granit	Tertiär-Ost	Tertiär-West
Na : K	35,1 ± 0,25	2,46 ± 1,81	5,21 ± 0,21	2,68 ± 1,80	8,18 ± 1,81
Na + K : Li	619 ± 133	214 ± 205	294 ± 15	356 ± 112	423 ± 130,9
K : Li	13,7 ± 5,53	82,5 ± 153	11,2 ± 2,5	84,7 ± 44,2	41,8 ± 11,6
Ca : Mg	1,47 ± 0,25	2,46 ± 1,81	5,21 ± 0,21	2,68 ± 1,80	5,01 ± 5,51
Alkalien : Erdalkalien	8,51 ± 3,26	1,05 ± 0,68	1,237 ± 0,027	1,01 ± 1,27	6,80 ± 7,49
HCO_3 : Cl	1,82 ± 1,23	125,4 ± 279,3	9,0 ± 1,45	19,4 ± 24,3	12,63 ± 11,7
HCO_3 : SO_4	1,13 ± 0,962	7,52 ± 5,15	3,14 ± 0,14	9,19 ± 8,81	2,61 ± 1,96
SO_4 : Cl	1,58 ± 0,007	13,53 ± 32,8	2,86 ± 0,40	4,10 ± 4,04	4,32 ± 0,98
Alkalien : HCO_3	1,16 ± 0,354	0,163 ± 0,122	0,288 ± 0,071	0,183 ± 0,10	0,589 ± 0,42
Alkalien : Cl	1,66 ± 0,297	16,47 ± 40,7	2,57 ± 0,27	3,69 ± 3,20	4,29 ± 0,94
Alkalien : SO_4	1,05 ± 0,179	0,924 ± 0,52	0,903 ± 0,03	1,57 ± 1,52	1,00 ± 0,15
Erdalkalien : HCO_3	0,146 ± 0,027	0,261 ± 0,288	0,231 ± 0,002	0,327 ± 0,238	0,15 ± 0,09
Erdalkalien : Cl	0,279 ± 0,272	11,7 ± 20,7	2,08 ± 0,35	4,39 ± 2,96	2,60 ± 3,53
Erdalkalien : SO_4	0,172 ± 0,165	1,25 ± 1,04	0,725 ± 0,045	1,75 ± 1,46	0,51 ± 0,63
Eisen : Mangan	31,6 ± 11,4	71,8 ± 51	21,7 ± 8,8	126,9 ± 175	13,4 ± 14,9
Zink : Mangan	0,26 ± 0,20	2,66 ± 2,42	0,25 ± 0,02	1,67 ± 0,82	0,08 ± 0,05
Nickel : Cobalt	2,12 ± 0,52	1,58 ± 0,31	1,38 ± 0,04	0,30 ± 0,11	1,42 ± 0,28
Zink : Kupfer	3,17 ± 2,63	6,84 ± 2,95	1,81 ± 0,27	4,07 ± 1,82	2,87 ± 0,78
Blei : Kupfer	0,27 ± 0,19	0,31 ± 0,16	0,50 ± 0,05	0,55 ± 0,12	0,94 ± 0,47

sehr unterschiedlichen Gehalte an Hydrogencarbonat, Sulfat und Chlorid aus. Das Verhältnis Hydrogencarbonat zu Chlorid wird geprägt durch die sehr kleine Zahl bei den Phyllitwässern und durch die sehr große Zahl bei den Glimmerschieferwässern. Im Phyllitwasser tritt der niedrige Hydrogencarbonatgehalt in Erscheinung, während beim Glimmerschiefer-Wasser das Hydrogencarbonat das Hauptanion ist. Jedoch ist die Streuung bei den Glimmerschiefer-Wässern sehr hoch. Die Verhältniszahlen der übrigen Wassertypen sind recht hoch, was auf die ausschlaggebende Rolle des Hydrogencarbonates zurückgeht, sie unterscheiden sich jedoch nicht genug, um spezielle Eigenschaften darstellen zu können. Das Verhältnis Hydrogencarbonat zu Sulfat ist unterschiedlich. Wenn man die schon bekannten Ähnlichkeiten bei Glimmerschiefer- und Tertiär-Ost-Wässern einerseits und Phyllit-, Granit- und Tertiär-West-Wässern andererseits schon berücksichtigt, so fallen hier auch die hohen Streuungen auf. Das Verhältnis Sulfat zu Chlorid ist ebenfalls für die Phyllit-Wässer sehr tief und für die Glimmerschiefer-Wässer sehr hoch. Hierbei stören auch die relativ hohen Streuungen, die verschiedene Überschneidungen verursachen.

Vergleiche der Kationen zu den Anionen sind im folgenden zusammengestellt. Bei den Alkalien zum Hydrogencarbonat tritt der hohe Wert für Phyllit als typisch hervor. Die Wässer von Glimmerschiefer und Tertiär-Ost liegen sehr tief und sind sich ähnlich. Granit und Tertiär-West sind höher, liegen jedoch im Streuungsbereich aller vier Arten. Für das Verhältnis Alkalien zu Chlorid ist Phyllit typisch niedrig und Glimmerschiefer typisch hoch. Bei letzterem wirkt sich der sehr kleine Chloridgehalt aus. Im Verhältnis Alkalien zu Sulfat unterscheiden sich die fünf Wassertypen nicht signifikant. Das Verhältnis Erdalkalien zu Hydrogencarbonat zeigt einerseits eine Ähnlichkeit von Phyllit und Tertiär-West, andererseits geht daraus auch der höhere Calciumgehalt bei Glimmerschiefer und Tertiär-Ost hervor, während der hohe Wert für Granit vom sehr hohen Calciumgehalt herrührt. Eindeutige charakteristische Werte lassen sich jedoch durch die hohen Streuungen nicht erkennen. Das Verhältnis Erdalkalien zu Chlorid zeigt für Phyllit und Glimmerschiefer schon größere Differenzen zwischen denen die anderen drei Werte liegen. Bei dem Verhältnis Erdalkalien zu Sulfat werden die Differenzen wieder sehr gering. Hier ist eine Ähnlichkeit von Glimmerschiefer und Tertiär-Ost gegenüber den anderen drei Arten zu erkennen. Beim Phyllit ist der Wert sehr niedrig aufgrund des niedrigen Calciumgehaltes und des hohen Sulfatgehaltes.

Die Verhältniszahlen der Schwermetalle oder der Spurenelemente schließen sich an. Das Verhältnis Eisen zu Mangan ist bei Glimmerschiefer und Tertiär-Ost sehr hoch und bei Tertiär-West sehr niedrig aufgrund des relativ hohen Mangangehaltes. Der letztere Wert ist sicherlich typisch für die Wässer des Tertiär-West-Gebietes. Im Verhältnis Zink zu Mangan fallen die Ähnlichkeit der hohen Werte von Glimmerschiefer und Tertiär-Ost sowie die niedrigen von Phyllit- und Granit-Wässern auf. Noch tiefer als die letzteren liegen die vom Tertiär-West, welch letzteres auch als typisch angesehen werden kann. Das Verhältnis Nickel zu Cobalt liegt beim Phyllit hoch und bei Tertiär-Ost tief. Beide unterscheiden sich voneinander und von den anderen sehr gut. Die Werte der anderen drei Typen bewegen sich in gleicher Größenordnung. Die Ähnlichkeit der Wässer im Verhältnis Zink zu Kupfer ist wiederum gegeben. Aufgrund seines extrem hohen Zinkgehaltes ist der Wert für Glimmerschiefer beträchtlich höher als bei den anderen. Demgegenüber liegt der Wert für Granit tiefer als die anderen, was aus relativ hohen Kupfergehalten resultiert. Beim Verhältnis von Blei zu Kupfer liegen die Zahlen für Phyllit und Glimmerschiefer gleichauf. Ebenso befinden sich die Werte von Granit und Tertiär-Ost etwas höher in ähnlichem Verhältnis, und nur vom Gebiet Tertiär-West ist der Wert fast bei Eins. Zumindest der letzte Wert unterscheidet sich von den anderen und könnte deshalb als typisch bezeichnet werden.

Bei der Darstellung der Einzelanalysen in der Dreiecksform sehen wir in Abb. 11 (siehe Beilage) die schwächer konzentrierten Wässer. Hier ist also keine Mineralisation über 1 g/kg. Der CO_2-Gehalt liegt demgegenüber bis auf Hranice über der 1 g/l-Grenze. Zumeist handelt es sich bei den wenig konzentrierten Wässern um solche aus dem Glimmerschiefergebiet. Bei ihnen fällt auch auf, daß sie anionenseitig am meisten Hydrogencarbonat enthalten. Kationenseitig spielt bei ihnen Calcium und Magnesium die Hauptrolle.

Die Darstellung der Wässer mit höherer Konzentration in Abb. 12 (siehe Beilage) zeigt zunächst Mineralstoffgehalte bis zu 6 g/l, wobei es sich um alle Quellen aus dem Gebiet Tertiär-West und den Hauptanteil der Phyllit- und Granitwässer handelt. Im CO_2-Gehalt liegen die Werte bis auf die weiter vorn schon benannten Nichtmineralwässer über 1 g/l. Die Zusammensetzung bestätigt einerseits, daß es sich bei den Anionen bei Glimmerschiefer, Tertiär-Ost und Granit um vorwiegend Hydrogencarbonat-Wässer handelt, während andererseits beim Phyllitwasser das Sulfat vorherrscht. Bei den Kationen überwiegt meist der Natriumgehalt, und lediglich Quellen aus Tertiär-Ost und Glimmerschiefer zeigen einen größeren Calcium-Magnesium-Gehalt.

Insgesamt geht auch hieraus eine Ähnlichkeit von Glimmerschiefer- und Tertiär-Ost-Wässern hervor, die auf der bei beiden Gruppen vorliegenden Sättigung des Grundwassers mit CO_2 im oberflächennahen Bereich des Bodens beruht. Die hohen Magnesiumanteile bei einigen Wässern des Tertiär-Ost-Gebietes sind sicher auf Dolomiteinlagerungen im Bereich der Cypris-Schiefer zurückzuführen. Die Ähnlichkeit der Wässer des Bereiches Tertiär-West tendiert einmal zum Granit, aber möglicherweise noch mehr zum Phyllit.

Als wesentliches Ergebnis der Gesamtbetrachtungen über die Beziehungen der Einzelquellen zu dem von ihnen durchflossenen geologischen Bau ergeben sich einige Erkenntnisse: Da ist zunächst festzustellen, daß die Wässer vom Tertiär-West-Gebiet alle auf der sogenannten Aufwölbungszone liegen. Diese Quellen beziehen ihre höhere Konzentration durch die tiefere Herkunft des Grundwassers, das in tieferen Schichten mit CO_2 gemischt und lösungsfähiger wurde. Für diese schon in der Literatur bekannte Störungszone von Nebanice in Richtung Soos und nördlich sind mit diesen Untersuchungen Mineralquellen mit höherer Konzentration nachgewiesen. Diese Störungszone wird etwa in der Gegend des Cisařsky Pramen in der Soos vom Korridor von Františkovy Lázně gekreuzt. Von der stärksten Quelle dieser 4 Brunnen, dem Cisařsky Pramen, nach Norden und Süden ist dementsprechend ein Abfall der Konzentration, eine Abnahme des Sulfatanteils und eine Zunahme des Hydrogencarbonatanteiles zu verzeichnen.

Bei beiden doch recht ähnlichen Wassergruppen der Gebiete Tertiär-Ost und Glimmerschiefer ist die Gleichheit des oberflächennahen Zusammentreffens von Grundwasser und CO_2 besonders wichtig. Dadurch ergibt sich die Ähnlichkeit in der Entstehung und auch in der Zusammensetzung und Konzentration. Diese beiden Wässer sind also auf jeden Fall ein Ergebnis der durchflossenen Gesteine, wobei hier lediglich oberflächennahe Schichten durchflossen wurden. Bei den 4 Quellen im Gebiet Tertiär-West ist der Fall gleichartig, wobei durch tiefere Herkunft eine stärkere Konzentration und eine andere Zusammensetzung auftreten. Der Ansicht von Kolařova, daß für die Mineralisation der Wässer nicht nur die Mineralzusammensetzung der Gesteine, sondern vor allem der mineralische Charakter der Spaltenausfüllungen verantwortlich ist, können wir nicht ganz zustimmen. Die Fortsetzung des Marienbader Bruches in Nord-Süd-Richtung an der östlichen Grenze der Cypris-Schichten ist später mit Basaltlava geschlossen wordenund kommt deshalb als Aufstiegsweg nicht in Frage. Später entstandene Nebenklüfte gehen etwa in der gleichen Richtung wie der Marienbader Bruch, etwas mehr Nordwest-Südost, und durch sie treten CO_2 und Mineralwasser an die Oberfläche. Ebenfalls ein Produkt der durchflossenen Gesteine sind die Granitwässer von Bad Brambach. Sie können als typische Granitwässer bezeichnet werden. Die letzte Gruppe stellen die Phyllitwässer dar. Sie sind in der Konzentration hoch und im Chemismus anders als die anderen Wässer und im CO_2-Gehalt etwas ärmer. Gerade Bad Elster besitzt in seinen Tiefbohrungen mit mineralarmen CO_2-reichen Wässern das beste Beispiel, welchen Einfluß das langsame Durchsickern des mit CO_2 angereicherten Wassers besitzt. Hierdurch erhalten sie ihre derzeitige Prägung.

Aus den Untersuchungsergebnissen lassen sich folgende spezielle Eigenschaften der Wässer aus den verschiedenen Gesteinstypen ableiten, die sie von den anderen Wässern unterscheiden.

Phyllitwässer: hoher Natriumgehalt und niedriger Calciumgehalt, hohe Gehalte in Prozent von den gelösten festen Stoffen für Chlorid und Sulfat und niedrige für Hydrogencarbonat, hohe Millivalprozentgehalte an Sulfat und hohe Werte für das Natrium Kalium-Verhältnis und das Nickel-Cobalt-Verhältnis.

Granitwässer: niedrige Temperaturen, hohe Radioaktivität, hohe Werte der Calcium- und Silbergehalte und ein niedriges Zink-Kupfer-Verhältnis aufgrund der hohen Kupferwerte.

Tertiär-West-Wässer: hohe Temperatur, hohe Gehalte an Kalium, Blei und Beryllium und ein hohes Blei-Kupfer-Verhältnis aufgrund hoher Bleigehalte.

Glimmerschieferwässer: in den Prozenten für gelöste feste Stoffe hohe Werte für Mangan und niedrige für Sulfat, bei den Millivalprozenten hohe Eisen- und Mangan-Werte, erhöhte Gehalte an Kupfer, Zink, Nickel und ein hohes Zink-Kupfer-Verhältnis wegen der sehr hohen Zinkgehalte.

Tertiär-Ost-Wässer: niedrige Natriumgehalte, bei den Werten für die Prozente von den gelösten Stoffen niedrige Lithium- und hohe Magnesiumgehalte, hohe Gehalte an Cobalt und Molybdän und ein hohes Verhältnis an Cobalt-Nickel unter Bezugnahme auf den hohen Cobaltgehalt.

Besonders auffällig für bestimmte Gegenden sind die hohen Bleigehalte der Granitwässer sowie des Cisařsky Pramens und der Quellen von Plesná und Děvin. Ebenso bemerkenswert sind die sehr hohen Zinkgehalte der Wässer von Plesná, Smrčina und Lomnička.

4.2. *Einfluß der Fassungen*

Wie in der Einleitung erwähnt wurde, ist auf die Probennahme aus Tiefbohrungen verzichtet worden. Nun sind die Fassungsarten der gefundenen Mineralquellen jedoch auch nicht gleichartig. Von den 44 Quellen sind 27 in guter Fassung, also entweder Metall oder eine gute Stein- oder Betonrohrfassung. Bei den Quellen 1 und 11 aus dem Phyllitgebiet, 14, 17, 19, 20, 21 und 23 aus dem Glimmerschiefergebiet und 36, 37, 38, 40, 42 und 43 aus dem Tertiärgebiet liegen jedoch keine solchen Fassungen, sondern

Austrittsstellen in der Wiese oder sonstigen Böden oder schlechte Fassungen, also z. B. Holzrohre oder dergleichen vor. Es ist bekannt, daß Mineralwässer, die einen längeren Weg in Metallrohrleitungen zurücklegen und auch noch aggressiv sind, diese Metalle zu lösen in der Lage sind. Sie nehmen also solche Elemente auf. Hier gilt es nun festzustellen, ob sich die Arten der Fassungen auf den Chemismus der gefundenen Mineralwässer ausgewirkt haben.

Bei den Phyllitwässern ist der Brunnen 1 im Sinne der Kurortverordnung kein Mineralwasser und hat eine andere Zusammensetzung. Der Brunnen 11 ist zwar ein Säuerling, aber in der Zusammensetzung anders, und die Gesamtkonzentration ist zu gering. Man kann annehmen, daß bei den Proben 1 und 11 sehr viel Süßwasser die Konzentration der Wässer verringerte und die Zusammensetzung veränderte. Das mag bei den beiden Wässern mit der schlechten Trennung von Mineralwasser und Süßwasser zusammenhängen.

Bei den Wässern des Glimmerschiefergebietes liegen die Verhältnisse etwas anders. Der Brunnen 14 besitzt eine erheblich höhere Konzentration und weniger CO_2. Sowohl Zusammensetzung als auch Konzentration ähneln mehr den Phyllitwässern. Da der Brunnen eine relativ tiefe Fassung mit verwachsenem Betonrohr besitzt, wäre es möglich, daß von geologischer Seite her die Beeinflussung durch das erste Gebiet vorhanden ist, vor allem da die Quelle an der Grenze Phyllit-Glimmerschiefer liegt. Der Brunnen 17 ist kein Mineralwasser und dürfte durch das zusitzende Süßwasser verdünnt und verändert sein. Die Brunnen 19, 20, 21 und 23 sind den Durchschnittswässern des Gebietes sehr ähnlich. Der gefundene CO_2-Gehalt stimmt etwa überein, und Zusammensetzung und Konzentration sind ähnlich bzw. etwas geringer als bei den Glimmerschieferwässern.

Bei einigen Wässern sind Kieselsäure und Eisen etwas höher. Insgesamt ist jedoch zu sagen, daß diese Wässer ohne gute Fassungen den Durchschnittswässern dieses Gebietes sehr ähneln.

Bei den Tertiär-Wässern sind die Wässer aus Děvin, nämlich 36, 37 und 38 sowie 40 und 43 den allgemeinen Tertiär-Wässern sehr ähnlich. Unterschiede sind bemerkbar bei den Kationen, wo sowohl Natrium als auch Magnesium stärker oder schwächer sind. Die Konzentration ist ebenfalls etwas schwächer. Demgegenüber ähneln sie sich in CO_2-Gehalt und Anionenzusammensetzung sehr stark. Hier hat sich also auch kein Einfluß der Fassungsart feststellen lassen. Die einzige Ausnahme bildet hier der Brunnen 42, der in der Konzentration viel höher liegt und auch eine andere Zusammensetzung besitzt. Dieser Brunnen fällt jedoch sowieso aus dieser Gruppe heraus, da er zu den Wässern der Aufwölbungszone im Soosgebiet gehört. Dadurch gehört er zu den stärker konzentrierten Wässern im westlichen Tertiärgebiet.

Zusammenfassend ist also festzustellen, daß die Brunnen 1, 11 und 17 durch schlechte Fassungen Süßwasser mit enthalten und deshalb den Normalwässern dieser Gebiete nicht entsprechen. Der Brunnen 14 entspricht mehr den Phyllitwässern durch seine Grenzlage. Der Brunnen 42 liegt geologisch auf der Aufwölbungszone und ist hierdurch anders. Alle anderen Quellen sind durch die Fassungsart nicht so beeinflußt, daß sie in Konzentration oder Zusammensetzung wesentlich anders wären, als die Normalwerte ihrer geologischen Gebiete es erwarten lassen würden.

5. Schlußfolgerungen

5.1. Hydrogeochemische Zonalität

Das erforschte Gebiet behandelt den nordwestlichen Teil der westböhmisch-vogtländischen Säuerlingsprovinz. Die Mineralquellenzone, genetisch verursacht durch das Aufsteigen von juvenilem CO_2, verläuft hier ungefähr parallel in mäßigem, aber deutlichem Abbiegen in westlicher Richtung vom östlichen Randbruch des Cheb-Beckens, der in Richtung NNW—SSO eine nördliche Fortsetzung des regionalen neotektonischen Bruches von Mariánské Lázně darstellt (Abb. 1 und 3).

Die Mineralquellenzone überschneidet die geographische Wasserscheide des Elstergebirges, und im geologischen Bau geht sie durch die Gesteinskomplexe Granit, Glimmerschiefer, Phyllit und den nördlichen Teil des tertiären Cheb-Beckens. Die Analysen der 44 Mineralquellen im unterschiedlichen geologischen Bau des Gebietes ermöglichen einen Einblick in die hydrogeochemische Zonalität der Mineralquellen.

Der CO_2-Gehalt zeigt sich im ganzen Gebiet unabhängig von Höhe und Art der Mineralisation der Quellen und ist das Ergebnis der Intensität des Aufstieges des CO_2 von der Stelle des Zusammentreffens mit dem Untergrundwasser in den tieferen Lagen der Bildungszone von Mineralquellen. Den stärksten Aufstiegsweg bildet die Linie Bad Elster—Bad Brambach—Soos, was man als rezent offene tiefe tektonische Störung für das Emporsteigen des Gases annehmen kann.

Der Chemismus der Mineralquellen ist als Ergebnis des Zusammenwirkens im System Gesteinskomplex—Wasser—CO_2 zu sehen. Aus der Beziehung des Grundchemismus der Quellen zum geologischen Gesteinsmilieu ergibt sich ein wesentlicher Einfluß der Tiefe der Bildungszone der Quellen, d. h. der Tiefe der Sättigung des Infiltrationswassers durch juveniles CO_2 und der örtlichen mineralogischen Zusammensetzung der Hauptgesteinstypen.

Die Hydrogencarbonate bilden den hydrogeochemischen Grundriß des Mineralquellengebietes mit dem höchsten Anteil bei den schwach mineralisierten Wässern, bei denen man auch die geringere Tiefe der Bildungszone voraussetzen kann. Mineralquellen mit höherer Konzentration, das heißt mit tieferer Bildungszone, bestehen hauptsächlich aus Sulfat und Chlorid, und zwar überwiegend in Verbindung mit Natrium. Diese Wässer haben die Mineralisation um 3—5 g/l. Durch ihr Auftreten sind diese Wässer an die Linie Bad Elster—Soos gebunden, die sich grob deckt mit der Linie des stärksten Emporsteigens des CO_2. Im Gebiet des tertiären Cheb-Beckens kommen sie nur im westlichen Teil vor. Hier stellen sie Entwässerung der tieferen Wasserhorizonte dar. Das Vorkommen der schwach mineralisierten Quellen im Ostteil des Cheb-Beckens wird durch den wasserdichten Abschluß der Tonschieferdecke über den tiefer gelegenen Wasserhorizonten verursacht. In tieferen Wasserhorizonten wurden im Ostteil des Beckens durch Forschungsbohrungen stark mineralisierte Wässer gefunden, die typisch für die westlichen Quellen sind. Im Westteil steigen diese Wässer durch die neotektonisch bedingte Durchlässigkeit der artesischen Decke empor. Diese liegen zum Teil am Rand der unterirdischen Aufwölbung des Kristallins im Untergrund der tertiären Sedimente. Der Unterschied der Mineralquellen im westlichen und östlichen Teil ist ein Ausdruck dessen, daß die Bildung stärkerer Quellen auch im Ostteil erfolgt, jedoch der Aufstieg nicht zur Oberfläche erfolgen kann, sondern nur an örtlich undichten Stellen gasförmiges

CO_2 aufsteigen lassen. Dieses mischt sich dann mit dem seichten dünnen Grundwasser; dies stellt die typischen Mineralquellen für die seichte Bildungszone in den tertiären Sedimenten dar.

In diesem hydrogeologischen Gesteinsmilieu ergibt sich für einzelne Typen der Gesteinskomplexe eine regionale horizontale hydrogeochemische Zonalität: im Granit bilden sich Mineralquellen vom Typus Natrium-Calcium-Hydrogencarbonat-Sulfat mit einer Konzentration um 1,4 g/l, im Glimmerschiefer vom Typus Calcium-Natrium-Hydrogencarbonat mit rund 0,33 g/l, im Phyllit vom Typus Natrium-Sulfat-Chlorid-Hydrogencarbonat mit rund 2,3 g/l, im Ostteil des Tertiärs vom Typus Calcium-Magnesium-Hydrogencarbonat mit 0,24 g/l und im Westteil des Tertiärs vom Typus Natrium-Hydrogencarbonat-Sulfat-Chlorid mit 3,3 g/l.

Das Zusammentreffen von CO_2 und Zirkulationswasser dürfte beim Phyllit in etwa 100—150 m Tiefe erfolgen, da die artesischen Quellen mineralreiche Natrium-Sulfat-Chlorid-Hydrogencarbonat-Säuerlinge sind, während die Elsteraner Tiefbohrungen zwischen 100 und 250 m Tiefe mineralarme Natrium-Magnesium-Hydrogencarbonat-Säuerlinge sind. Auf dem Aufstieg zur Erdoberfläche hat das saure Wasser Gelegenheit, Mineralien aus dem Gestein aufzunehmen. Von diesem Standpunkt aus müßten die Wässer von Bad Brambach aus noch größerer Tiefe stammen, da in der Konzentration und im Chemismus kein Unterschied zwischen den artesischen Wässern und den bis zu 200 m tiefen Bohrungen besteht. Dabei dürften die artesischen Wässer beim Aufstieg aus 200 m Tiefe keine wesentliche Mineralstoffanreicherung mehr erfahren. Letzterem steht jedoch die ausgesprochen tiefe Temperatur der Brambacher Wässer entgegen.

Die Verschiedenheit der Wässer des Tertiär-Beckens im westlichen und östlichen Teil ist also Ausdruck der oben erläuterten hydrogeologischen Verhältnisse. Die Ähnlichkeiten in niedriger Mineralisation und Hydrogencarbonat-Typus zwischen Tertiär-Ost und Glimmerschiefer sind eine Folge der seichten Bildungszonen. Die Verschiedenheit im Kationengehalt entspricht ihrer Verschiedenheit in geochemischen und mineralogischen Verhältnissen. Die Mineralquellen im Glimmerschiefer fallen durch hohen Eisengehalt auf, der aber auch für die einfachen Wässer dieses Gebietes charakteristisch ist.

Der Chemismus der Spurenelemente ist im allgemeinen unabhängig von Höhe und Art des Grundchemismus. Mineralquellen im Glimmerschiefer zeigen auffallend hohe Gehalte an Kupfer und Zink, die sich im kleineren Maße auch bei den Tertiär-Ost-Wässern zeigen. Dieser berechtigt zu der Annahme, daß der Gesteinskomplex des Glimmerschiefers in der Umgebung von Plesná im Bereich der Zirkulationswege der Mineralquellen von Sulfidmineralien des Eisens, Kupfers und Zinks angereichert ist. Teilweise folgt diesen Spurenelementen auch Blei. Der Radongehalt kommt ganz unabhängig von Art und Größe der Mineralisation der Quellen vor. Er ist gebunden an die Quellen am nördlichen und östlichen Rand des Granitmassivs. Als Folge des Zerfalls von Spaltenbelägen radioaktiver Stoffe steigt das Radon unabhängig von CO_2 auf. In der Gegend südlich von Bad Brambach und Plesná sind auch einfache Wässer mit erhöhten Radongehalten bekannt. Nur den günstigen geologischen Bedingungen verdanken es die Brambacher Quellen, daß CO_2 und Radon in größeren Mengen enthalten sind.

5.2. Ressourcen und Möglichkeiten der Nutzung

Von den untersuchten Mineralwässern sind die Brunnen 1, 10, 14 und 17 keine Mineralwässer im Sinne der Kurortverordnung. Die Heilquellen von Bad Elster, nämlich die Brunnen 2, 3, 4 und 6, sowie die von Bad Brambach, die Brunnen 24, 25, 26 und 27, werden in den betreffenden Kureinrichtungen als Heilquellen balneologisch genutzt. Ebenfalls genutzt, jedoch zur Herstellung alkoholfreier Erfrischungsgetränke oder von Versandheilwässern werden die Brunnen von Sohl (7, 8, 9, 10) und von Oberbrambach (18). Dazu kommen noch drei Quellen (13, 19, 34), die unmittelbar in Grenznähe DDR—ČSSR liegen. Von den 44 untersuchten Mineralwässern bleiben also 25 Brunnen für eine eventuelle Nutzung übrig. Diese Nutzung eines Mineralwassers für balneologische oder anderweitige Verwendung für die Bevölkerung setzt natürlich voraus, daß die Wässer eine entsprechende Konzentration und einen genügenden CO_2-Gehalt besitzen, daß die Schüttung des Wassers ausreicht und daß das Wasser in hygienischer Hinsicht einwandfrei ist.

Zu einer balneologischen Verwendung käme lediglich die Quelle (5) Bad Elster, X-Quelle, in Frage. Das Wasser bietet in Konzentration und CO_2 genügend und ist in der Schüttung etwa mit der Quelle Bad Elster, Marienquelle I, gleichzusetzen. Der Chemismus entspricht ebenfalls den für Trinkkurzwecke verwendeten Mineralquellen von Bad Elster. Ein Problem stellt die Neufassung der Quelle dar, die wegen des möglichen Zusetzens von Wildwässern notwendig ist. Die weiteren Mineralquellen sind zu weit von den in der Gegend existierenden Kureinrichtungen Bad Elster, Bad Brambach und Františkovy Lázně entfernt, um die Möglichkeit balneologischer Nutzung zu bieten. Die auf dem Gebiet der DDR noch vorhandenen Quellen (11) Raun, Waldquelle, und (16) Oberbrambach, Lohbrunnen, besitzen zwar einen ansprechenden CO_2-Gehalt, sind jedoch nur aus diesem Grunde als Mineralwässer anzusprechen. Die Konzentrationen liegen unter 1 g/l, und die Schüttungen sind zu gering, um für eine Nutzung in Frage zu kommen.

Von den auf dem Staatsgebiet der ČSSR befindlichen Quellen kommen eine ganze Reihe wegen der zu geringen Schüttung für eine eventuelle Nutzung nicht in Frage. Es sind dies: (15) Dolní Paseky, (20) Smrčina II, (21) Lomnička I, (22) Lomnička II, Plesná III, (31) Kopanina, (33) Mostek, (36) Děvin I, (37) Děvin II), (38) Děvin III, (40) Soos II, (41) Soos III, (43) Hartoušov und (44) Hněvin. Von den restlichen 8 Quellen sind nur vier, nämlich (12) Doubrava, (28) Plesná II, (32) Horka und (39) Soos I so gefaßt und in Ordnung, daß sie von Einheimischen und Touristen oder Besuchern ohne Bedenken getrunken werden können. Die Schüttungen sind auch hier gering, so daß sie höchstens für Trinkzwecke am Ort des Austrittes genutzt werden könnten. Die Quellen (23) Lomnička III und (30) Plesná IV sind die einzigen vom CO_2-Gehalt und der Schüttung her geeigneten Mineralwässer, bei denen sich bei Instandsetzung der Fassungen eine Abfüllung eventuell lohnen würde.

Es verbleiben also von den ungenutzten 25 Mineralwässern lediglich drei, bei denen eine Nutzung in Frage käme. Sie genügen im CO_2-Gehalt den Ansprüchen und genügen auch in der Schüttung den nicht sehr hohen Anforderungen. Da im Staatsbad Bad Elster alle Möglichkeiten der Verwendung durch die Kurpatienten ausgenutzt werden sollten, sollten hier Überlegungen zur Instandsetzung der X-Quelle angestellt werden. Die eventuelle Abfüllung der Quellen in Lomnička und Horka hängt natürlich ab vom Bedarf im Nordwestgebiet der ČSSR. Wenn man jedoch berücksichtigt, daß in der ČSSR bei der heutigen Technologie erst Quellen mit Schüttungen über 3000 l/h interessant sind, dann fallen fast diese beiden Quellen auch aus dem Rahmen der Verwendungsmöglichkeiten. Auf jeden Fall ist die Möglichkeit der Verwendung von nur drei von fünfundzwanzig Mineralquellen aus den vorgenannten Gründen recht gering.

5.3. Schutz der Mineralwässer im Untersuchungsgebiet

Die Erkenntnisse aus der Erforschung der hydrogeochemischen Zonalität der Mineralquellen und deren Verhältnis zum geologischen Bau haben einen regionalen Verlauf der jungen tektonischen Störung gezeigt, der stellenweise offen ist für den Aufstieg des juvenilen CO_2. Diese tektonische Störung stellt eine örtliche tektonische brüchige und klüftige Aufstiegsmöglichkeit im geologischen Bau dar, ist aber nicht sichtbar in der Oberflächengestalt durch vertikale oder horizontale Verschiebungen. Die Bedeutung für das Emporsteigen des CO_2 und für Umlauf, Bildung und Austritt der ergiebigen Mineralquellen wird noch wichtiger durch die in gleicher Richtung verlaufende Zone des Vorkommens von stark mineralisierten Säuerlingen. Diese tektonische Störung verläuft in Richtung NNW—SSO mit örtlichen Querbrüchen zwischen Bad Elster und der Soos. Es ist unbedingt nötig, diese tektonische Zone als Zentrum der Entgasung und Entwässerung des tieferen geologischen Baues zu schützen. Sie muß geschützt sein vor der Öffnung oder Erbohrung der hydraulisch verbundenen Klüfte in geringerem Höhenniveau, als sie die Mineralquellen besitzen. Die Notwendigkeit dieses Schutzes ist schon in älteren Schutzmaßnahmen enthalten. So wurden im erforschten Gebiet die Mineralquellen von Bad Elster, Bad Brambach und teilweise der Soos, die bei Františkovy Lázně eingeschlossen war, geschützt. Das Feststellen des vertikalen und horizontalen Umfanges der hydraulischen Verbindungen in der artesischen Beckenstruktur verlangt den Schutz der ganzen hydrogeologischen Struktur des Cheb-Beckens. Der Schutz der Mineralquellen verlangt weiter die Verbreiterung der Schutzzonen auf das Infiltrationsgebiet. Die heutige breitere Zone des Infiltrationsgebietes von Františkovy Lázně berührt die Grenze DDR/ČSSR bei der Wasserscheide des Elstergebirges, wo sie auf das Infiltrationsgebiet von Bad Brambach trifft. Diese Gebiete verlangen als Schutz günstige Bedingungen für die Wassereinsickerung sowie den Schutz vor möglichen Verunreinigungen aus industrieller und landwirtschaftlicher Tätigkeit. Es bleibt eine dringende Aufgabe des Mineralquellenschutzes von Bad Elster, Bad Brambach und Františkovy Lázně, den Schutz der Einzugsgebiete im Grenzgebiet der DDR/ČSSR zu vereinigen.

Außer dem Schutz der Infiltration und Entwässerung der Quellenstruktur ist auch der Schutz der Mineralquellen unter der Nutzung notwendig. Die Fassungseinrichtungen müssen den Mineralwasseraustritt in die Oberflächenwässer der Täler unmöglich machen und andererseits den Zutritt dieser Wässer in die Fassungen verhindern, denn dadurch würde eine Verminderung der Qualität der Mineralwässer und die Gefahr der hygienischen Verunreinigung entstehen. Das Regime der gepumpten Quellen ist mit dem Grundwasserstand der Oberflächenwässer in Beobachtung zu halten, damit beim Fördern der Mineralquellen keine Absenkung des Grundwasserstandes erfolgt.

Säuerlinge geringer Schüttung mit einfacher Fassung und von nur örtlicher Bedeutung und Entnahme müssen gegen Einflüsse durch landwirtschaftliche Meliorationsarbeiten geschützt werden. Es ist deshalb erforderlich, die örtlichen, landwirtschaftlichen und forstwirtschaftlichen Organisationen am Schutz zu beteiligen und bei Jugendorganisationen und den Naturfreunden dafür Interesse zu wecken.

Da die Heilquellen der Kureinrichtungen Bad Elster, Bad Brambach und Františkovy Lázně sowie von Sohl regelmäßig kontrolliert werden, halten wir nur die zusätzliche Übernahme der Mineralquellen von Doubrava, Plesná II, Schönberg und Cisařsky Pramen in ein regelmäßiges Kontrollsystem für erforderlich. Dadurch wäre abgesichert, daß alle in dem Gebiet vorkommenden und geologisch interessierenden Wässer ständig beobachtet würden und erhebliche Veränderungen im ganzen System zeitig genug bekannt wären.

6. Zusammenfassung

Im Gebiet zwischen Bad Elster und Františkovy Lázně wurden alle in den Kureinrichtungen und frei im Gelände freiwillig austretenden Mineralwässer untersucht. Der geologische Aufbau des Gebietes reicht vom Phyllit im Norden über Glimmerschiefer, Gneis und Granit bis zum Tertiär des Egerer Beckens im Süden. Ein charakteristisches Merkmal der Wässer ist der hohe CO_2-Gehalt, der auf den spättertiären Basaltvulkanismus zurückzuführen ist. Das damit angereicherte Zirkulationswasser löst beim Passieren der verschiedenen Gesteine Mineralien heraus. Für die Aufstiegswege des Wassers kommen besonders die jüngeren Brüche im kristallinen Untergrund in NNW—SSO-Richtung in Frage. Die Untersuchungen an 44 Wässern erfolgten im Umfang kleinerer Heilwasseranalysen mit zusätzlichen Spurenelementbestimmungen. Die Ergebnisse sind in Tabellen und Grafiken zusammengestellt. Entsprechend den Austrittsstellen lassen sich die Wässer in 4 vorhandene Gesteinstypen einordnen. Die Wässer aus dem Tertiärgebiet wurden aufgrund der Untersuchungsergebnisse geteilt in mineralarme Wässer (Tertiär-Ost) und mineralreiche Wässer (Tertiär-West). Dabei ergaben sich teilweise prägnante Unterschiede in Konzentration und Zusammensetzung, die sich sowohl im Makrochemismus als auch in den Spurenelementen dokumentieren. Ähnlichkeiten bestehen einerseits bei Phyllit-, Tertiär-West- und Granitwässern und andererseits bei Glimmerschiefer- und Tertiär-Ost-Wässern. Die Untersuchungsergebnisse lassen deshalb eine Aussage zugunsten der Prägung der Mineralwassercharaktere durch das durchflossene Gestein zu. Für die geringe Mineralisation der Glimmerschiefer- und Tertiär-Ost-Wässer ist der geologisch bedingte oberflächennahe Zusammentritt von CO_2 und Wasser der Grund. Bei den anderen drei Wassergruppen reichen Spalten und Klüfte in größere Tiefen, so daß beim Aufstieg mehr Mineralien gelöst werden können. Durch die Untersuchungen konnten bestimmte Eigenschaften der Wässer aus den fünf Gesteinstypen ermittelt werden. Diese liegen sowohl in den makrochemischen Inhaltsstoffen als auch in den Spurenelementen begründet. Gerade letztere treten bei den mineralarmen Wässern relativ stärker auf als in den mineralreichen Wässern. Da das gesamte Untersuchungsgebiet als einheitliche Quellprovinz zu betrachten ist, ergibt sich die Notwendigkeit zu gemeinsamen Schutz- und Überwachungsmaßnahmen beider Länder im Interesse der betroffenen Bäder.

LITERATUR

CHRIST, W.: Die Emissionsspektralanalyse in der Wasserchemie. Chem. Techn. 8 (1956) 280–285.

CLAASEN, A., A. DAAMEN: The photometric determination of cobalt by extraction with β-nitroso-α-naphthol. Analyt. Chim. Acta **12** (1955) 547–553.

DIETL, A.: Säuerlinge des Egerlandes. Unser Egerland, 1941–1943, S. 1–11.

DIETL, A.: Säuerlinge des Egerlandes. Der Balneologe, 9. Jhgg. (1942) 269–284.

DVOŘAK, J.: Mineralni prameny zapadočeske lazenske oblasti. Plzeň 1979, Pedagogicka fakulta, 29 S.

EGERTER, H.-G.: Die Entwicklung von Chemismus und Bezeichnungen der Trinkquellen Bad Elsters vom 17. Jahrhundert bis zur Gegenwart. Ber. dtsch. Ges. geol. Wiss., B, Miner. Lagerstättenf. **12**, Heft 1, 73–97.

EREMENKO, W. I.: Die spektrografische Bestimmung der Mikroelemente in Naturgewässern. Moskau 1960, Verlag der Akad. d. Wiss. d. UdSSR.

FISCHER, H., G. LEOPOLDI: Reinheitsuntersuchungen mit dem Dithizonverfahren. I. Bestimmung von Verunreinigungen in Zink und Zinklegierungen. Metall und Erz **35** (1938) 119–121.

FRESENIUS, W., K.-E. QUENTIN: Untersuchung der Mineral- und Heilwässer im Handbuch der Lebensmittelchemie, Band VIII, T 2, Wasser und Luft, 862–1042, Berlin, Heidelberg, New York 1969, Springer-Verlag.

GRUNER, H.: Charakteristische Verwitterungsböden des Elstergebirges. Berlin 1911, Parey-Verlag

HÖLL, K.: Untersuchung, Beurteilung, Aufbereitung von Wasser. Berlin 1960, W. de Gruyter-Verlag.

HUNDT, R.: Über die Entstehung der Heilquellen von Bad Elster und Bad Brambach. Wasser und Gas, 14. Jhgg. (1924) 638–639.

HUNDT, R.: Beiträge der Entstehung der Heilquellen von Bad Elster und Brambach und des oberen Elstergebirges. Zentralblatt f. Mineral., Geol. u. Paläont. (1924) 141.

HYNIE, O.: Hydrogeologie ČSSR, Teil II, Mineralny vody. Praha 1963, Verlag d. Tschechoslovak. Akad. d. Wiss.

IWANTSCHEFF, G.: Das Dithizon und seine Anwendung in der Mikro- und Spurenanalyse. Weinheim 1958, Verlag Chemie.

JÄGER, W.: Der geologische Bau des vogtländischen Phyllitgebirges zwischen Adorf, Auerbach und Graslitz. Abhandlungen d. Sächs. Geol. Landesamtes, Heft 6 (1927) 1–30.

JAHNEL, F.: Mineralquellen und Gasquellen im Egerer Landschaftsgebiet. Unser Egerland **41** (1937) 90–102.

JOKELY, J.: Zur Kenntnis der geologischen Beschaffenheit des Egerer Kreises in Böhmen. Jahrbuch d. geol. Reichsanstalt Wien, Band 7 (1856) 479–534.

KOCH, O. G., G. A. KOCH-DEDIC: Handbuch der Spurenanalyse. Berlin, Heidelberg, New York 1964, Springer-Verlag.

KLIR, St.: Ochrana Zridelni oblasti zapadnich Čech. Praha 1982, Avicenum-Verlag.

KOLAŘOVA, MARGARITA: Ergebnisse komplexer hydrogeologischer Untersuchungen im Cheb-Becken. Zeitschrift f. angew. Geologie, Band 9, (1963) 208–213.

KOLAŘOVA, MARGARITA: Hydrogeologie Chebske panve. Sbornik geol. věd., Reihe H/G, Heft 3 (1965) 7–101.